普·通·高·等·学·校
计算机教育"十二五"规划教材

网页制作与开发教程

（第2版）

BEGINNING WEB PAGES PROGRAMMING
(2nd edition)

李毅 耿金秀 温谦 ◆ 主编
王慧敏 汪建新 ◆ 副主编

U0337797

人民邮电出版社
北京

图书在版编目（CIP）数据

网页制作与开发教程 / 李毅，耿金秀，温谦主编
. -- 2版. -- 北京：人民邮电出版社，2014.10（2018.7重印）
普通高等学校计算机教育"十二五"规划教材
ISBN 978-7-115-37180-5

Ⅰ. ①网… Ⅱ. ①李… ②耿… ③温… Ⅲ. ①网页制
作工具－高等学校－教材 Ⅳ. ①TP393.092

中国版本图书馆CIP数据核字(2014)第223732号

内 容 提 要

　　本书以 Dreamweaver CS5 为开发平台，基本内容包括网页制作基础、在网页中使用文字和图片、建立超链接、网站的管理与发布、表格、框架、模板与库、动态网页技术，并以一个综合实例对上述知识点进行了综合运用。本书在最后部分介绍了使用 CSS 设置页面样式和服务器端程序设计入门，为进一步学习网页制作和开发做好准备。

　　本书重点介绍网页制作与开发过程中的相关知识，注重基础与实践，结合知识点配有丰富的案例，每章设有实践与练习环节供学生上机练习使用。本书可作为普通高等院校网页制作与开发类课程的教材，也可供培训机构和计算机爱好者参考使用。

◆ 主　　编　李　毅　耿金秀　温　谦
　　副主编　王慧敏　汪建新
　　责任编辑　刘　博
　　责任印制　彭志环

◆ 人民邮电出版社出版发行　　北京市丰台区成寿寺路 11 号
　　邮编　100164　电子邮件　315@ptpress.com.cn
　　网址　http://www.ptpress.com.cn
　　北京九州迅驰传媒文化有限公司印刷

◆ 开本：787×1092　1/16
　　印张：16.5　　　　　　　2014 年 10 月第 2 版
　　字数：433 千字　　　　　2018 年 7 月北京第 3 次印刷

定价：36.00 元

读者服务热线：(010)81055256　印装质量热线：(010)81055316
反盗版热线：(010)81055315

前　言

当前，随着计算机教育的发展和 Internet 应用的普及，能够进行基础的网页制作与开发工作已经成为普通高等院校毕业生的基本能力要求。本书编写的目的，是为普通高等院校的广大师生提供一本从基础入手、重视实践、重视开发能力培养的网页制作与开发教材。

学习和阅读本书前，读者只需要能够简单地操作计算机，并会上网浏览网站就可以了。兴趣是最好的老师，最重要的是希望同学们对网页设计与制作感兴趣，至于 HTML、CSS、JavaScript，以及 Dreamweaver 等相关知识不需要事先了解，在本书的学习过程中对涉及的知识和技术都会进行简单的介绍和说明。

本书分为 12 章。第 1 章至第 10 章是网页制作的基础知识，内容包括网页制作基础、在网页中使用文字和图片、建立超链接、网站的管理与发布、表格、框架、模板与库、动态网页技术、CSS 网页样式设置。第 11 章通过一个综合实例对前面所学的知识点进行了综合运用。最后一章介绍了服务器端程序设计入门，为进一步学习网页制作和开发做好准备。

本书在进行知识讲解的过程中，都首先介绍 HTML 语言本身对某个网页元素的规定，然后再介绍如何使用 Dreamweaver 进行相应的制作。在每一章中，我们都设计了"实践与练习"环节，针对相应的重点知识进行上机练习，巩固和提高学生的实际动手与开发能力。

在学习本书的过程中，应该注意以下三点。

1. 重视对 HTML 语言的理解

网页设计与制作的本质是 HTML 语言的编写，因此尽管在 Dreamweaver 中有很多设置工作可以自动完成，但是建议同学们要理解每种网页元素的真正含义，这样在今后制作复杂网页时，可以更加精确地控制网页的实际显示效果。

2. 多做实践与练习

本书每章中的"实践与练习"，是针对本章内容设计的实践动手环节。建议学生在进行上机练习时能够真正地把这些内容制作出来，只有真正通过实践才能掌握其中的技巧。

3. 除了 Dreamweaver，还应该多掌握一些相关的知识

本书是一本以 Dreamweaver 为基础的网页开发与制作基础教材，可以帮助学生掌握网页制作的基本知识，如果希望制作出更加美观、更加高效、内容和功能更加丰富的网页，就应该多掌握一些相关的知识，这将在其他相关教材中进行讲解。

本书由李毅、耿金秀、温谦担任主编，王慧敏、汪建新担任副主编。李毅编写了第 1 至 4 章，耿金秀编写了第 5 至 7 章，王慧敏编写了第 8 至 10 章，汪建新编

写了第 11、12 章，温谦负责全书统稿。

由于时间仓促和作者的水平有限，书中错误和不妥之处在所难免，敬请读者批评指正。

编　者
2014 年 8 月

目　录

第1章
网页制作基础

本章首先对一些与网络相关的概念作了概要的阐述，介绍了网页制作的基本知识，使读者对 Internet 传递信息的基本原理有所了解。然后，介绍网页制作的基本步骤，对 HTML（超文本标签语言）的基本知识进行入门性的阐述，对 Dreamweaver CS5 的操作环境进行介绍，并将介绍如何使用 Dreamweaver CS5 建一个最基本的网站和网页，从而为后续章节的学习打下基础。

1.1　网页制作基础知识

当打开浏览器后，在地址栏中输入一个网站的地址，然后单击地址栏后面的"转到"按钮，或直接按回车键，就会展示出相应的网页内容，如图 1-1 所示。

图 1-1　网上冲浪

网页中可以包含多种类型的内容，这些内容称为网页的"元素"。最基本的是文字，此外，还可以使用图片、动画，以及声音、视频等多媒体文件。制作网页的目的之一，就是要给访问者留下深刻的印象，展示有价值的信息。

1.1.1　网页的分类

按网页在一个站点中所处的位置，可将网页划分为"主页"和"内页"。"主页"是指进入一个站点时看到的第一页，"内页"是指与主页相链接的页面。

按网页的表现形式，可将网页划分为"静态网页"和"动态网页"。"静态网页"是采用 HTML 语言编写的网页，目前大部分的网页仍然属于静态网页。"动态网页"是采用 ASP、PHP、JSP、Perl 和 CGI 等程序生成的动态页面，在网络空间中并不存在这个页面，只有在接到用户的访问要求后才生成并传输到用户的浏览器上。

1.1.2　网页制作中的基本概念

在开始学习网页制作之前，需要掌握一些基本的概念。

1. 服务器与浏览器

用户坐在家中查看各种网站上的内容的过程，实际上就是从远程计算机中读取了一些内容，然后在本地计算机上显示出来的过程。

因此，内容信息提供者的计算机就称为"服务器"。用户使用"浏览器"程序，例如 Internet Explorer，就可以通过网络取得上面的文件以及其他信息。服务器可以同时供许多不同的人（浏览器）访问。

访问的具体过程简单来说，就是当访问网页的人的计算机连入 Internet 后，通过浏览器发出访问某个站点的请求，然后这个站点的服务器就把信息传送到用户的浏览器上，也就是将文件下载到本地的计算机，浏览器再显示出文件内容，这样用户就可以坐在家中查询千里之外的信息了。服务器与浏览器的关系示意图如图 1-2 所示。

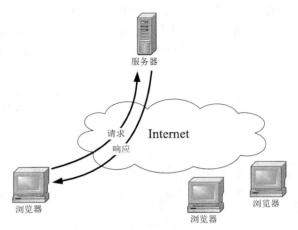

图 1-2　服务器与浏览器的关系示意图

2. 超链接

"超链接"对大多数人来说并不陌生，例如在访问凤凰网看科技频道的时候，在它的首页中有很多有关科技的标题，当用鼠标单击一个科技标题以后，就会显示出相关科技的内容，如图 1-3 所示，这就是超链接的作用。

超链接的本质是一种可以指向其他文件的文字或图片。利用超链接，浏览器可以使用户方便地取得指向的另一份文件。

在 Internet 上，一方面数千万台计算机相互连接；另一方面，世界范围的大量信息通过超链接的方式相互链接。前者是通过计算机网络硬件来实现的，而后者就是通过超链接来实现的。

3. URL

URL 为"Uniform Resource Locator"的缩写，通常翻译为"统一资源定位器"，也就是人们通常说的"网址"。它用于指定 Internet 上的资源位置。每当用户要访问一个网站的时候，都要在浏览器的地址栏中输入网站的地址，如图 1-4 所示。

常见的 URL 有以下几种形式：

ftp://www.artech.cn

http://www.artech.org/index.htm

图 1-3　超链接的作用

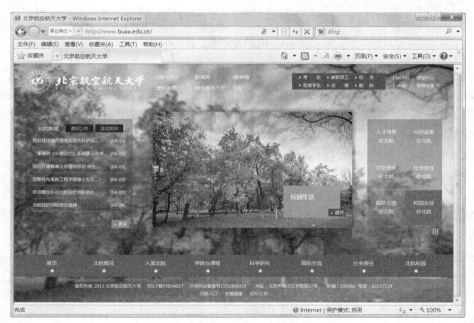

图 1-4　输入 URL

4．HTML

网页文件是用一种标签语言书写的，这种语言称为 HTML（Hyper Text Markup Language，超文本标签语言）。有两种方式来产生 HTML 文件：一种是自己写 HTML 文件，事实上这并不是非常困难，也不需要特别的技巧；另一种是使用 HTML 编辑器，它可以辅助使用者来做编写的工作。

如果读者想先看一下 HTML 语言是什么样子，可以用浏览器打开任意一个网页，然后选择浏览器菜单中的"查看→源文件"命令，这时记事本程序会自动打开，里面显示的就是这个网页的

HTML 源文件，如图 1-5 所示。第一次接触 HTML 源文件也许会感觉非常复杂，实际上它并不难掌握，本书后面会讲述如何使用 HTML 制作网页。

图 1-5　网页的 HTML 源文件

5.　上传与下载

前面已经提到，为了让全世界的人都可以浏览制作好的网页，就必须把网页放到服务器上。

如果条件许可，也可以把自己的计算机设置成服务器。大多数情况下，只需要花一点钱租用一个服务器，把制作好的网站传送到服务器上，这个过程就称为"上传"。而其他计算机通过浏览器访问网页的时候，所经历的过程就是"下载"的过程，这样在计算机中才能看到网页。

6.　域名

"域名"是在网络上的重要标识，起着识别作用，便于他人识别和检索某一企业、组织或个人的信息资源，从而更好地实现网络上的资源共享。除了识别功能外，在虚拟环境下，域名还可以起到引导、宣传、代表等作用。

一个公司如果希望在网络上建立自己的主页，就必须取得一个域名。域名由若干部分组成，包括数字和字母。例如，"www.tsinghua.edu.cn"就是清华大学的网站域名。通过该域名，访问者可以找到清华大学的网站主页并通过该网站了解清华大学的相关信息。

域名可分为不同级别，包括顶级域名、二级域名等。顶级域名又分为两类。一是国家、地区顶级域名，例如，美国是"us"，日本是"jp"。二是国际顶级域名，例如，表示工商企业的"com"，表示网络提供商的"net"，表示非营利组织的"org"，表示教育机构的"edu"等。二级域名是指顶级域名之下的域名。在国际顶级域名下，它是指域名注册人的网上名称，例如"ibm"、"yahoo"、"Microsoft"等；在国家顶级域名下，它是表示注册者类别的符号，例如"com"、"edu"、"gov"、"net"等。

例如"artech.com.cn"这个域名中，"cn"是顶级域名，"com"是二级域名，"artech"是三级域名。

7．网站

"网站"就是在 Internet 上一块固定的面向全世界发布消息的地方，也被称做站点。它由域名（也就是网站地址）和网站空间构成，网站空间里存放的就是各种网页。

衡量一个网站的性能通常从网站空间大小、网站位置、网站连接速度、网站服务内容等几方面考虑。小的网站可能只包含一个网页，大的网站可能需要很多计算机来存储数据。例如，著名的"Google"网站，就依靠数万台计算机来为全世界的网民提供服务。我们也可以把一个网站类比为一栋房屋，域名就是它的门牌，里面的所有网页构成了房屋里的内容。

8．IP 地址

"IP"的全拼是"Internet Protocol"，也就是"Internet 协议"，它是 Internet 能够运行的基础。与 Internet 相连的每台计算机，都有一个唯一的 IP 地址，以表示该计算机在 Internet 中的位置。

在使用二进制表示的时候，IP 地址的长度为 32 位，分为 4 段，每段 8 位。用十进制数字表示的时候，每段数字范围为 1 ~ 255，段与段之间用英文句点隔开，如 159.226.1.1。

上面讲到，通过域名可以表示一个网站，那么域名与 IP 地址之间是什么关系呢？实际上，域名和 IP 地址都可以表示 Internet 上的一台计算机，但是域名比 IP 地址更便于记忆和识别。打个比方来说，如果要表示一个单位的位置，可以用经度和纬度，只是这样很难记忆和识别，因此可以给马路起名字并编号。这样通过一个文字地址就可以表示地理位置了，我们说"北京市西三环北路 20 号"，就要比"东经 X 度、北纬 Y 度"容易记忆和识别多了。

计算机发送信息就好比是邮递员，它必须知道唯一的"家庭地址"才不会把信送错人家。用 IP 地址，计算机之间就可以传递信息了。

1.2　网页制作的基本步骤

了解了网页制作中常用的基本概念之后，我们来看看制作一个网页大体需要哪些步骤。

1．收集和整理资料

在制作网页前，应先收集制作时要用的文字材料、图片素材，还有用于增添页面效果的动画等，所需的资料要根据需求来确定。例如为某个公司制作网页，那么就需要公司提供一定的文字材料：如公司简介、产品说明及公司有关的图片等；而如果制作的是个人站点，就需要收集一些个人简历、爱好、个人照片等方面的资料。

2．制作网页

制作网页第一步，可以在草稿纸上绘制出网页的大体框架，并将收集整理的各种资料在 Dreamweaver 中布局，将各种元素添加页面中。

3．测试站点

当站点页面制作完成后，需要在发布站点前根据客户端要求对站点进行测试，一般可以将站点移到一个模拟调试服务器上进行测试。

4．发布站点

发布站点前，必须先在网上申请一个空间或自己设置一个服务器来存放网页的内容，并申请一个域名来指定站点在网络上的位置。

发布网页可直接用 Dreamweaver 中的"发布站点"功能进行上传。对于大型站点的上传，一般都使用 FTP 软件（如"LeapFTP"和"CuteFTP"等），使用这种方法的上传下载速度都较快。

5. 站点维护和更新

站点上传到服务器后，应打开浏览器进行检查，如计数器显示是否正确、超链接是否有效、页面元素显示是否正常等。如果一切无误，就可以交付使用了。另外，每隔一段时间，还应对站点中的内容进行更新，以便提供最新消息，吸引更多的浏览者。

1.3　HTML 入门

我们常常讲起"网页"，事实上每一个网页都是一个文件，这个文件里面包含了 HTML 指令，所以这些文件就被称为 HTML 文件。HTML 是一种描述性的标签语言，这些标签符用来定义 HTML 文件中信息的格式和功能。当浏览器接收到 HTML 文件后，就解释 HTML 文件内的标签符，根据标签符去执行相应的显示功能或实现某些功能。注意这些标签符必须用小于号（<）和大于号（>）括起来。

1.3.1　HTML 标签符的基本格式

HTML 标签符最基本的格式是"<标签符>内容</标签符>"。标签符通常成对使用，前面的"<标签符>"表示某种格式的开始，后面的"</标签符>"表示这种格式的结束。例如，HTML 文件中的""和""标签符用来定义 HTML 文件中的文字为粗体字。也就是说，在这一对标签中的内容都以粗体的格式在浏览器中显示。例如，在文件中有"Hello，World！"，那么在浏览器中将显示出粗体字"**Hello，World！**"。

HTML 的概念很简单，就是写入什么样的标签符，浏览器就会相应执行该标签符所能实现的功能。不过有一点要注意，我们最常用的 Netscape 和 Internet Explorer 浏览器并不完全兼容，即有的标签只能被其中一种浏览器识别。就目前的情形来看，Internet Explorer 已经取得了很大的优势，但在制作网页时最好还是二者兼顾。另外，Dreamweaver 已经充分考虑到了兼容性的问题，尽可能地使制作出的网页在两个浏览器上都能正确显示。

此外，HTML 文件只是一个纯文本文件，可以用任何文本编辑器来编辑它，最简单的就是用 Windows 系统里的"记事本"来建立或编辑。HTML 文件的扩展名是".htm"或".html"。

1.3.2　简单的 HTML 文件

现在读者已经对 HTML 有了一些最基本、最简单的认识，下面就开始学习 HTML 的一些基本语句。完整的 HTML 规则完全可以写成一本几百页的书，这里仅介绍 HTML 中最重要的几个标签。

【例 1-1】　最简单的 HTML 文件

```
<html>
    <head>
        <title>简单的网页首页</title>
    </head>
    <body>
        页面中的正文用 HTML 写在这里... ...
    </body>
</html>
```

使用 Windows 自带的"记事本"程序，输入上面这个文件并保存，注意文件的扩展名必须是

".htm"或".html"。例如"index.htm"，然后就可以用浏览器来浏览这个页面了。另外，HTML 文件中的空格都是无效的，也就是说它最终的显示效果完全由标签来决定，因此在书写 HTML 文件时最好能使每对标签上下对齐，并缩进排版，这样能够很容易看出各标签是如何配对的。

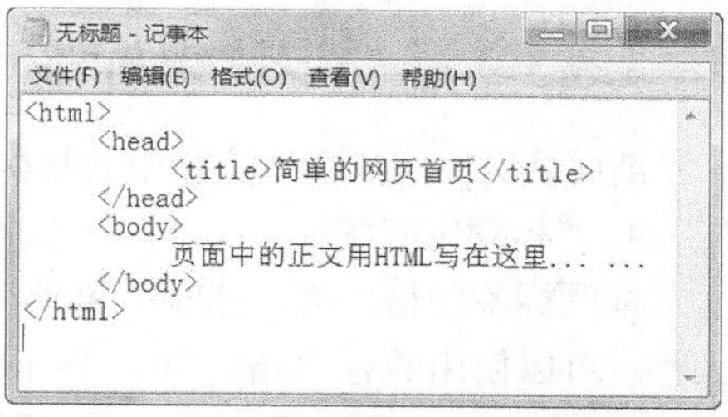

图 1-6　用 Windows 的"记事本"编辑源文件

在 Windows 的"记事本"中输入这个源文件文档，如图 1-6 所示，并选择菜单栏中的"文件→保存"命令保存文件。注意，在保存这个文件的时候，要在保存文件的对话框中，将"保存类型"设置为"所有文件"，然后在"文件名"输入框中给文件名的后缀设置为".htm"，然后再按"保存"按钮，如图 1-7 所示。

然后就可以用浏览器打开这个网页了。在 Windows 的"我的电脑"中，双击这个保存好的文件，就会打开浏览器的窗口，效果如图 1-8 所示。

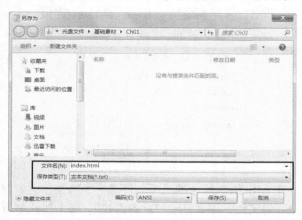

图 1-7　Windows "记事本"中 HTML 文件的保存

图 1-8　打开浏览器的窗口后的效果

注意这个文件中有以下 4 对标签。

1．HTML 标签

"<html>"标签放在 HTML 文件的开头，告诉浏览器，这个文件是 HTML 文件。而在文件的结尾，是"</html>"结束标签。

2．文件头标签

文件头标签是"<head>"和"</head>"，一般放在"<html>"标签的后面，用来标明文件的题目或定义部分。

3．文件标题标签

文件标题标签为"<title>"和"</title>"。这对标签用来设定文件的标题。浏览器通常都会将文件标题显示在浏览器窗口的左上角，因此这个标题很有用。

4．文件体标签

文件体标签为"<body>"和"</body>"。这对标签一般都被用来指明 HTML 文档的内容，例如文字、标题、段落和列表等，也可以用来定义主页背景颜色。

1.3.3　进一步认识标签

前面认识的是 HTML 文档中的基本标签。下面再介绍几个标签，它们能使得网页的功能更丰富。

1．"标题"标签

标题标签的格式为"<h?>"和"</h?>"（?代表 1 ~ 6 的数字）。这个标签用于设置标题字体的大小。可以使用的有"<h1>"~"<h6>"这 6 级标题，例如"<h1>这是标题 1（H1）的显示效果</h1>"，"<h6>这是标题 6（H6）的显示效果</h6>"。如果在上面最基本的 HTML 文件中增加如例 1-2 源文件所示的 6 行文字，那么显示结果将如图 1-9 所示。

【例 1-2】　"标题"标签示例

```html
<html>
    <head>
        <title>简单的网页首页</title>
    </head>
    <body>
        页面中的正文用 HTML 写在这里... ...
        <h1>这是标题 1（H1）的显示效果</h1>
        <h2>这是标题 2（H2）的显示效果</h2>
        <h3>这是标题 3（H3）的显示效果</h3>
        <h4>这是标题 4（H4）的显示效果</h4>
        <h5>这是标题 5（H5）的显示效果</h5>
        <h6>这是标题 6（H6）的显示效果</h6>
    </body>
</html>
```

图 1-9　加入标题字的效果

2．"对齐"属性

在这里要引入一个新的概念——"属性"。HTML 语言的标签还可以带有一些属性，例如前面介绍的"H1"~"H6"标签都有一个"align"的属性，用来设置"对齐方式"。每个属性都可以设置一个"属性值"，例如"align"属性可以有 3 种属性值："left"（左对齐）、"center"（居中对齐）或者"right"（右对齐）。

现在把前面的源文件修改为如例 1-3 所示的样子，显示结果将如图 1-10 所示。

【例 1-3】　"对齐"属性示例

```html
<html>
    <head>
        <title>简单的网页首页</title>
    </head>
    <body>
        页面中的正文用 HTML 写在这里... ...
        <h2  align=left>文字左对齐</h2>
        <h2  align=center>文字居中对齐</h2>
        <h2  align=right>文字右对齐</h2>
    </body>
</html>
```

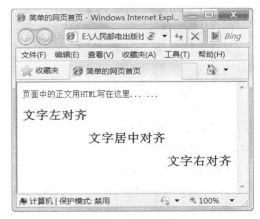

图 1-10　对齐效果

1.4　Dreamweaver CS5 的操作环境

Dreamweaver CS5 的用户界面非常友好，为设计师带来了很大的方便。Dreamweaver CS5 的主界面如图 1-11 所示。下面分别介绍其中几个主要部分。

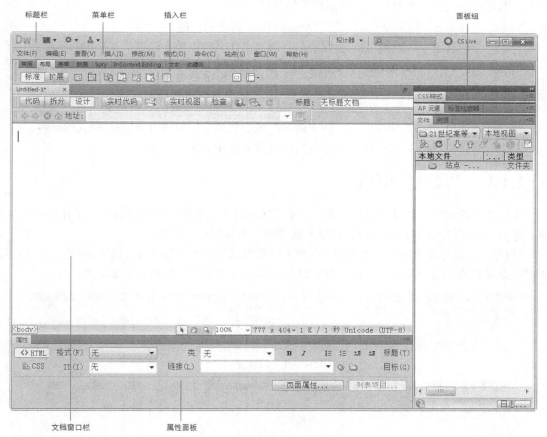

图 1-11　Dreamweaver CS5 的主界面

1.4.1　文档窗口

文档窗口位于界面的中部，它是用来编排网页的区域，与在浏览器中的结果近似。

1.4.2　"插入"工具栏

选择菜单"窗口→插入"命令，或按 Ctrl+F2 组合键，可以打开或关闭"插入"工具栏。它位于界面的上方，作用是在光标位置插入各种对象。单击面板上端的按钮，可以切换到不同的选项卡，每个选项卡中有不同类型的对象，如图 1-12 所示。

使用"插入"菜单中的命令也可以实现插入各种对象的目的，与使用"插入"工具栏是一致的。使用菜单还是使用"插入"工具栏，可完全根据用户的习惯来决定。

图 1-12 "插入"面板

"插入"面板默认打开的是"常用"选项卡，它包括了最常用的一些对象，例如在文档中的光标位置插入一段超级链接文本、一个表格或者一个图像等。其他 7 个选项卡并不如基本对象那样常用，因此这里仅进行简单介绍，后面再详细介绍。

"布局"选项卡的作用是为了方便使用 Dreamweaver 的布局功能。

"表单"选项卡中的对象都用来制作表单。例如，在文档中插入表单、文字输入框、按钮等。

"数据"选项卡可以方便用户在文档窗口中添加数据库。

"Spry"选项卡可以方便用户验证表单。

"InContext Editing"选项卡可以方便用户在文档中创建可编辑区域和重复区域。

"文本"选项卡可以方便用户在文档中插入一些已经设定好的带有 HTML 格式的文本。

"收藏夹"选项卡可以方便用户在收藏夹中自定义常用的插入对象。

1.4.3 "属性"面板

选择菜单栏中的"窗口→属性"命令，或按 Ctrl+F3 组合键，就可以打开或关闭"属性"面板。在 HTML 和 CSS 属性面板中都可以为选中的文本设置相关属性。

"属性"面板是最常用的一个面板，因为无论要编辑哪个对象的属性，都要用到它。其内容会随着选择对象的不同而改变，例如，图 1-13 所示为文字对象的"属性"面板。

"HTML"属性面板

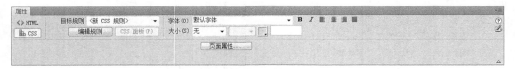

"CSS"属性面板

图 1-13 文字对象的"属性"面板

1.4.4 其他面板和工具条

除了上面介绍的两种面板之外，这里还有必要对一些重要的界面元素做简单介绍。

在文档窗口的上方有"文档"和"标准"两个工具条。

"文档"工具条如图 1-14 所示，它的功能是对文档进行控制。左侧的 3 个按钮十分常用，它们可以切换文档窗口的显示方式。

图 1-14 "文档"工具条

按下 代码 按钮，文档窗口中只显示 HTML 代码；按下 拆分 按钮，文档窗口分为上下两个部分，上面显示 HTML 代码，下面显示页面效果；按下 设计 按钮，文档窗口中只显示页面效果。

除此之外，针对不同的控制对象，还有其他若干面板，如"行为"面板、"框架"面板、"AP 元素"面板、"CSS 样式"面板等，它们都针对不同的对象。我们在后续章节中再进行介绍。

在制作过程中，用户需要关闭或者打开这些面板和工具条时，具体方法如下。

（1）选择菜单"查看→工具栏→文档"命令，可以打开或者关闭"文档"工具条。当"文档"菜单项前面有一个对勾的时候，工具条被打开，反之则关闭。

（2）按键盘上的 F4 键可以隐藏所有面板，再按 F4 键又可以显示所有面板。如果要打开一个面板，可以在"窗口"菜单中找到相应的菜单项。比如选择菜单"窗口→文件"命令就可以打开"文件"面板。

随着 Dreamweaver 版本的不断升高，面板数量越来越多，因此在 Dreamweaver 中，出现了"面板组"的概念。几个功能相关的面板放在一起，组成一组，成为一个面板组。比如选择菜单"窗口→文件"命令打开"站点"面板的同时，在它的旁边也打开了"资源"和"代码片断"面板，三者共同组成了"文件"面板组，如图 1-15 所示。

图 1-15　"文件"面板组

1.5　建立本地站点

使用 Dreamweaver 的第一步就是在本地硬盘上建立一个网站。

在 Dreamweaver 主界面上选择菜单"站点→管理站点"命令，这时会出现"管理站点"对话框，如图 1-16 所示。单击"新建"按钮，弹出"站点设置对象 未命名站点 2"对话框，如图 1-17 所示。

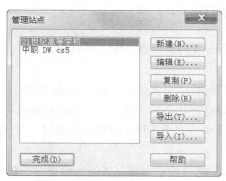

图 1-16　管理站点

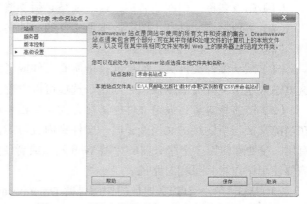

图 1-17　"站点设置对象 未命名站点 2"对话框

在对话框"站点名称"文本框中输入站点的名称，如图 1-18 所示。单击"本地站点文件夹"选项右侧的"浏览文件"按钮，在弹出的"选择根文件夹"对话框中选择要作为站点的文件夹，单击"选择"按钮，返回到"站点设置对象 Create a site"对话框中，如图 1-19 所示。

图 1-18　设置站点名称

图 1-19　选择本地文件夹

在左侧选项列表中选择"高级设置"选项，如图 1-20 所示。单击"默认图像文件夹"选项右侧的"浏览文件"按钮，在弹出的"选择图像文件夹"对话框中选择存储图像的文件夹，单击"选择"按钮，返回到"站点设置对象 Create a site"对话框中，如图 1-21 所示。

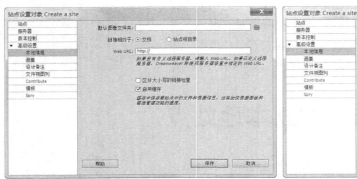

图 1-20　"高级设置"对话框　　　　　　　　图 1-21　选择本地"图像"文件夹

"站点"选项卡的各参数如下。

（1）站点名称：即网站名称，这一项是必须要填写的。

（2）本地站点文件夹：即存放本地文件的文件夹，这项是必须填的。

"高级设置"选项卡的各参数如下。

（1）默认图像文件夹：如果准备把所有文件或者大部分文件都放在一个文件夹中，就可以在这里输入这个文件夹的路径；否则这个选项可以空着。

（2）链接相对于：设定文件的链接方式。文档相对路径适用于大多数 Web 站点的本地链接。在当前文档与所链接的文档处于同一文件夹内且可能保持这种状态的情况下，文档相对路径特别有用。在处理使用多个服务器的大型 Web 站点或者使用承载有多个不同站点的服务器时，则可能需要使用站点根目录相对路径。

（3）Web URL：HTTP 地址的作用是使 Dreamweaver 的链接检查器可以正确地检查 HTML 代码中的绝对地址。例如 HTTP 地址设为"http://ywen.163.net"。这样如果在 HTML 代码中使用了相应的绝对地址（如"http://ywen.163.net/page01.htm"），链接检查器就可以正确识别。这项可根据用户的需要来决定是否填写。

（4）区分大小写的链接检查：选择此复选框，则对使用区分大小写的链接进行检查。

（5）启用缓存：缓存的作用是加速链接更新时的速度。这项可根据用户的需要来决定是否填写。如果硬盘有足够空间，建议勾选此项。

　　单击"保存"按钮，返回到"管理站点"对话框，如图 1-22 所示，单击"完成"按钮，即可完成站点的建立。站点建立好之后可以通过"文件"面板进行观看，如图 1-23 所示。

　　"文件"标签页的下方有两个下拉框，左面显示的是刚才设置好的网站名称，如果设置了多个网站，就可以通过这个下拉框在不同的网站之间切换。右侧的下拉框显示的是"本地视图"，表示当前显示的文件结构是本地的网站结构。此外还可以选择"远程视图"等方式，表示可以显示服务器上的目录结构等，目前我们暂时还使用不到。

　　显然，最初的本地网站已经建好了，但它还是空的。用鼠标选取文件夹所在的这一行，使它高亮显示，然后单击鼠标右键，在出现的菜单中选择"新建文件"命令，这时会新增加一行，如图 1-24 所示，将它的名字改为"index.html"，或者任意名字都可以。

图 1-22　"管理站点"对话框

图 1-23　"文件"面板

图 1-24　为站点新建一个文件

1.6　管理站点

　　Dreamweaver CS5 建立站点之后，可以对站点进行打开、修改、复制、删除、导入和导出等操作。

1.6.1　打开站点

　　当要修改某个网站的内容时，首先要打开站点。打开站点就是在各站点间进行切换。打开站点的具体操作步骤如下。

　　（1）启动 Dreamweaver CS5。

　　（2）选择"窗口→文件"命令，打开"文件"面板，在其中选择要打开的站点名，打开站点，如图 1-25、图 1-26 所示。

1.6.2　编辑站点

　　有时用户需要修改站点的一些设置，此时需要编辑站点。例如，修改站

图 1-25　选择要打开的站点

图 1-26　打开的站点

点的默认图像文件夹的路径，具体的操作步骤如下。

（1）选择"站点→管理站点"命令，弹出"管理站点"对话框。

（2）在对话框中，选择要编辑的站点名，单击"编辑"按钮，弹出"站点设置对象 Create a site"对话框，在左侧选项列表中，选择"高级设置"选项卡，此时可根据需要进行修改，如图 1-27 所示，单击"保存"按钮完成设置，返回到"管理站点"对话框。

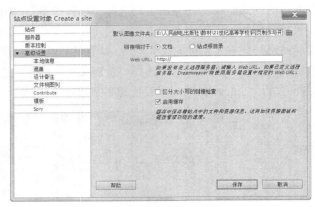

图 1-27　"高级设置"对话框

（3）如果不需要修改其他站点，可单击"完成"按钮关闭"管理站点"对话框。

1.6.3　复制站点

复制站点可省去重复建立多个结构相同站点的操作步骤，可以提高用户的工作效率。在"管理站点"对话框中可以复制站点，其具体操作步骤如下。

（1）在"管理站点"对话框左侧的站点列表中选择要复制的站点，单击"复制"按钮进行复制。

（2）用鼠标左键双击新复制出的站点，在弹出的"站点定义为"对话框中更改新站点的名称。

1.6.4　删除站点

删除站点只是删除 Dreamweaver CS5 同本地站点间的关系，而本地站点包含的文件和文件夹仍然保存在磁盘原来的位置上。换句话说，删除站点后，虽然站点文件夹保存在计算机中，但在 Dreamweaver CS5 中已经不存在此站点。例如，在按如下步骤删除站点后，在"管理站点"对话框中，不存在该站点的名称。

在"管理站点"对话框中删除站点的具体操作步骤如下。

（1）在"管理站点"对话框左侧的站点列表中选择要删除的站点。

（2）单击"删除"按钮即可删除选择的站点。

1.6.5　导入和导出站点

如果在计算机之间移动站点，或者与其他用户共同设计站点，可通过 Dreamweaver CS5 的导入和导出站点功能实现。导出站点功能是将站点导出为".ste"格式文件，然后在其他计算机上将其导入到 Dreamweaver CS5 中。

1．导出站点

（1）选择"站点→管理站点"命令，弹出"管理站点"对话框。在对话框中，选择要导出的站点，单击"导出"按钮，弹出"导出站点"对话框。

（2）在该对话框中浏览并选择保存该站点的路径，如图 1-28 所示，单击"保存"按钮，保存扩展名为".ste"的文件。

图 1-28　选择导出站点的位置

（3）单击"完成"按钮，关闭"管理站点"对话框，完成导出站点的设置。

2．导入站点

导入站点的具体操作步骤如下。

（1）选择"站点→管理站点"命令，弹出"管理站点"对话框。

（2）在对话框中，单击"导入"按钮，弹出"导入站点"对话框，浏览并选定要导入的站点，如图 1-29 所示，单击"打开"按钮，站点被导入，如图 1-30 所示。

图 1-29　选择要导入的站点

图 1-30　"管理站点"对话框

（3）单击"完成"按钮，关闭"管理站点"对话框，完成导入站点的设置。

1.7　创建文档

在 Dreamweaver 中可以通过 3 种方式创建文档：创建新的空白文档、创建以模板为基础的文档和打开并编辑已经存在的文档。

1.7.1　创建新的空白文档

刚才我们已经为网站加入了一个 HTML 文件，并命名为 index.html，实际上这就已经创建了一个新的空白文档。

如果还希望增加 HTML 文档，可以选择"文件→新建"命令，或按 Ctrl+N 组合键，这时会出现一个"新建文档"对话框，如图 1-31 所示。它提供了一些可供使用的模板，这里我们使用最基本的一种，也是自动默认的，就是"页面类型"目类中的 HTML，"布局"目类中的无。由于是默认的类型，可以直接单击"创建"按钮。这样，就会打开一个新的文档窗口。通过这种方式打开的文档还没有名字，在编辑完成后要把它保存到本地网站文件夹中。

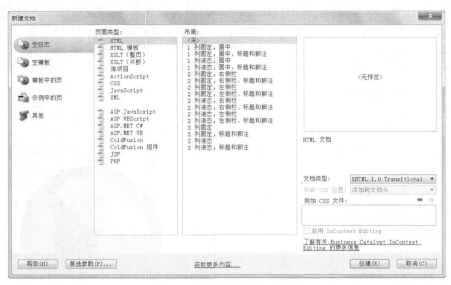

图 1-31　　"创建文档"对话框

在 Dreamweaver CS5 中可以同时编辑若干文档。例如，增加一个新文档窗口后，用鼠标双击网站管理窗口中的 index.html 文件，就会再打开 index.html 文档窗口，如图 1-32 所示。

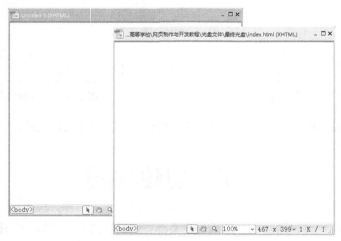

图 1-32　同时打开两个文档窗口

如果把这两个窗口中的任意一个最大化，将会成为如图 1-33 所示的样子，可以通过文档左上角的选择卡来切换当前编辑的文档。

创建的新文档都是空白的。"空白"指的是文档窗口里没有内容，如图片和文本等。但与之相对应的 HTML 文件并不是空白的，单击文档工具条中的 拆分 按钮，将同时显示 HTML 代码，如图 1-34 所示。可以看到，最基本的 HTML 文件的框架已经存在了。

图 1-33　切换多个文档

图 1-34　"拆分"视图

1.7.2　在已有文件的基础上创建文档

除了创建空白的文档窗口之外，在 Dreamweaver 中还可以直接打开已经存在的 HTML 文件（无论它是用什么工具建立的），这样就可以在现有文档的基础上编辑它。打开现有文件的方法是选择"文件→打开"命令，或按 Ctrl+O 组合键，在弹出的"打开"对话框中选择要打开的文件。

除此之外，Dreamweaver 还使用模板机制。这种模板机制在技术上是很有特色的。在 Dreamweaver 中可以把制作好的一个页面另存为模板，再使用这个模板来生成新的文档，并且可以设定模板中的一部分为可编辑区域，从而实现了将内容从设计方案中分离出来。同时，如果修改了模板，Dreamweaver 可以自动把所有使用该模板创建的文档进行相应的修改，这对于网页设计师来说真是梦寐以求的功能。

1.7.3　设置页面属性

创建文档后还需要对它进行设置，设定一些影响整个网页的参数。选择"修改→页面属性"命令，或按 Ctrl+J 组合键，弹出"页面属性"对话框，如图 1-35 所示。

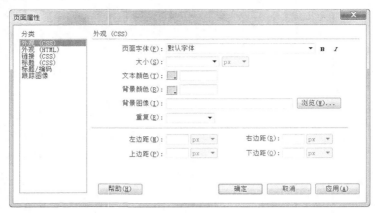

图 1-35　设定页面属性

（1）"外观（CSS）"：设定页面的字体、大小、颜色、背景和边距等外观属性。

（2）"外观（HTML）"：设定页面的背景、超链接和边距等外观属性。

（3）"链接（CSS）"：设定链接文字字体、大小、色彩等样式属性。

（4）"标题（CSS）"：设定标题 1 ~ 标题 6 的样式属性。

（5）"标题/编码"：设定文档的标题和编码，编码通常使用简体中文，即 GB2312 编码。

（6）"跟踪图像"：设定跟踪图像，跟踪图像将在文档处于编辑状态时显示。

以上参数的设置会影响整个页面。

1.8　实践与练习：制作简单页面效果

本练习的内容是创建一个新的页面文档，并设置页面属性和插入一些基本的元素。这些元素的详细操作方法，在后续章节中还会深入介绍，这里只是一个预习。本例最终效果如图 1-36 所示。

图 1-36　预览效果

练习步骤如下。

（1）启动 Dreamweaver CS5，软件打开之后会弹出一个欢迎界面。单击"新建"列表中的"HTML"菜单项，如图 1-37 所示。松开鼠标即可创建一个新的空白文档，如图 1-38 所示。

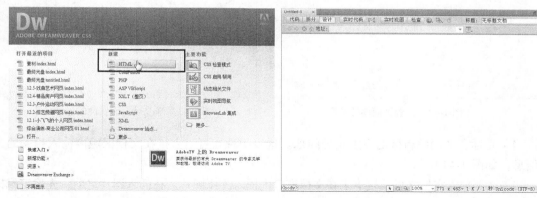

图 1-37　创建新文档　　　　　　　　　　　　图 1-38　新建的页面效果

（2）选择"文件→保存"命令，弹出"另存为"对话框，在对话框中选择页面要保存的位置，如图 1-39 所示。选择好位置之后在"文件名"文本框中输入页面的名称，如图 1-40 所示，单击"保存"按钮，完成页面的保存。

图 1-39　选择页面保存位置　　　　　　　　　　图 1-40　输入页面名称

（3）选择"修改→页面属性"命令，弹出"页面属性"对话框。在对话框中单击"背景图像"选项右侧的"浏览"按钮，弹出"选择图像源文件"对话框，选择素材文件夹中的"bj.jpg"文件，如图 1-41 所示，单击"确定"按钮，返回到"页面属性"对话框，在"重复"选项的下拉列表中选择"repeat-x"选项，如图 1-42 所示，单击"确定"按钮，完成页面属性的修改，效果如图 1-43 所示。

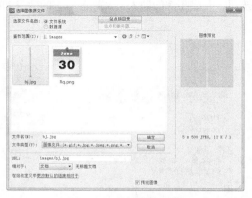

图 1-41　选择背景图像

图 1-42　设置页面属性参数

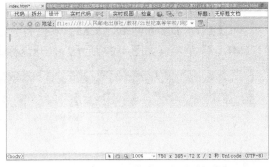

图 1-43　修改过页面属性的显示效果

（4）光标在文档编辑区的左上角处闪烁。这表明现在可以直接在文档区域内输入相关的文字信息，如图 1-44 所示。

（5）文字输入完毕之后，接下来在文档窗口内插入一张图片。在插入图片之前，先确定鼠标光标的位置，因为光标所在的位置即是将要插入图片的位置。

（6）单击"插入"面板"常用"选项卡中的"图像"按钮，在弹出的"选择图像源文件"对话框中选择素材文件夹中的"Rq.png"文件，如图 1-45 所示。

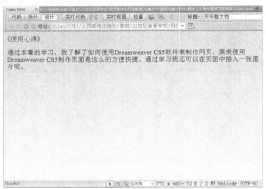

图 1-44　直接输入文字

图 1-45　选择要插入的图像

（7）单击"确定"按钮，弹出"图像标签辅助功能属性"对话框，如图 1-46 所示。单击"确定"按钮，完成图像的插入，文档窗口中的效果如图 1-47 所示。

图 1-46　辅助功能提示框

图 1-47　插入图像之后的文档窗口

（8）完成上述操作之后，可以为该文档重新命名标题名称，如图 1-48 所示。当然，这里也可以保持默认状态。按 Ctrl+S 组合键，保存文档，按 F12 键预览效果，如图 1-49 所示。

图 1-48　修改标题名称　　　　　　　图 1-49　浏览器中的预览效果

小　　结

通过本章的学习，读者可以了解到，网页设计和开发是一个综合性相当强的工作，即需要有美工人员能进行视觉方面的设计，同时也需要程序开发人员进行功能开发。因此需要设计师对各个方面的技术和知识有所掌握，才能从容应付可能遇到的各种问题。此外，本章还介绍了"站点"的基本概念，并讲解了建立本地站点的操作方法，进而在建立站点的基础上，介绍了创建网页文档的方法。在此基础上，就可以向创建好的网页中添加各种丰富多彩的网页元素了，这将从下一章开始逐一介绍。

练　　习

1-1　某个网页中有很多新闻的标题，当我们用鼠标单击一个新闻标题以后，就会显示出新闻的内容。这种技术是（　　　）。

（A）超链接

（B）服务器

（C）HTML

（D）域名

1-2　如果一个公司希望在网络上建立自己的网站，就必须取得一个"门牌"，例如，新浪网的"sina.com.cn"，这就是新浪网的（　　　）。

（A）超链接

（B）服务器

（C）HTML

（D）域名

1-3　通过本章的学习，我们知道在制作页面时，要首先新建一个站点，然后再制作网页效果。下面哪几种方法可以新建站点（　　　）。

（A）"站点"菜单中的"新建站点"命令

（B）"站点"菜单中的"管理站点"命令

（C）通过"文件"面板创建站点

（D）通过欢迎界面创建站点

1-4　站点建立之后，我们可以后期对站点进行哪些方面的操作（　　　）。

（A）打开、编辑、复制

（B）打开、编辑、复制、导入

（C）打开、导入、导出、复制、编辑、删除

（D）删除、复制、编辑、导入

1-5　人们可以使用连接到 Internet 的计算机查看 Internet 上的网页，请根据你的理解，描述在浏览网页的过程中，信息传递的方式和过程。

第2章
网页中的文字

网页中最基本也最常用的是文字。因此在这一章，开始讲解如何在网页中使用文字以及设置文字的方法。本章将首先介绍使用 HTML 对文本进行设置的方法，然后初步介绍使用 CSS 进行文本格式化的方法。由于 CSS 在网页设计中具有十分重要的作用，在本书后续章节中，还会对 CSS 的使用进行更为深入的介绍。

2.1 理解与文字相关的 HTML 标签

本书对很多内容的介绍都遵循先讲解 HTML 标签，再讲解如何在 Dreamweaver 使用的规则。例如，本节先脱离 Dreamweaver 环境，用手工编写一些非常简单的 HTML 网页，目的是使读者理解 HTML 语言的原理。然后再介绍如何使用 Dreamweaver 来实现，以提高制作网页的工作效率。

2.1.1 文字排版的简单操作

读者可以在 Windows 的"记事本"中输入例 2-1 所示的源代码，并保存为后缀为".html"的文件。

【例 2-1】 文字排版示例

```
<html>
    <head>
        <title>无换行示例</title>
    </head>
    <body>
        《出塞》 秦时明月汉时关，万里长征人未还。但使龙
城飞将在，不教胡马度阴山。
    </body>
</html>
```

其效果如图 2-1 所示。

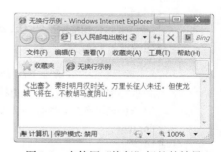

图 2-1 未使用"换行"标签的效果

2.1.2 换行标签

在编写 HTML 文件时，我们不必考虑太细的设置，也不必理会段落过长的部分会被浏览器切掉。因为，在 HTML 语言规范里，每当浏览器窗口被缩小时，浏览器会自动将右边的文字转至下一行。

如果未到换行的位置，就希望强制换行，编写者可以在需要换行的地方，加上"
"

标签。

观察上面列出的 HTML 代码，以及相应的图 2-1，可以看到，如果不加以特别的设置，文字会从左向右排列，直到浏览器窗口的最右端，自动换行。如果我们希望没有到达右端的时候就换行，应该怎么办呢？

现在将上面的代码稍作修改如例 2-2 所示。

【例 2-2】　文字换行示例

```
<html>
    <head>
        <title>换行示例</title>
    </head>
    <body>
        《出塞》
        <br>秦时明月汉时关，
        <br>万里长征人未还。
        <br>但使龙城飞将在，
        <br>不教胡马度阴山。
    </body>
</html>
```

图 2-2　使用"换行"标签后的效果

其效果如图 2-2 所示。

2.1.3　段落标签

为了使文字段落排列得整齐，在文字段落之间，我们常用"<P>"和"</P>"来做标签。段落的开始用"<P>"标签，段落的结束用"</P>"标签。其中"</P>"标签是可以省略的，因为下一个"<P>"标签的开始就意味着上一个"<P>"标签的结束。

"<P>"标签还有一个属性"ALIGN"，它用来指明字符显示时的对齐方式，一般值有"CENTER"、"LEFT"、"RIGHT"3 种。

下面，我们用例 2-3 和例 2-4 来说明这个标签的用法。

【例 2-3】　段落标签示例 1

```
<html>
    <head>
        <title>段落标签</title>
    </head>
    <body>
        <P ALIGN=CENTER>浣溪沙</p>
        <P>簌簌衣巾落枣花，村南村北响缫车，牛衣古柳卖黄瓜。</p>
        <P>酒困路长惟欲睡，日高人渴漫思茶，敲门试问野人家。</P>
    </body>
</html>
```

其效果如图 2-3 所示。

【例 2-4】　段落标签示例 2

```
<html>
    <head>
        <title>段落标签</title>
    </head>
    <body>
```

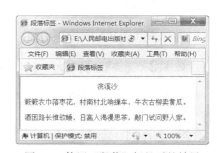

图 2-3　使用"段落"标签后的效果

《小池》
```
<P>泉眼无声惜细流,
    <br>树阴照水爱晴柔。
    <br>小荷才露尖尖角,
    <br>早有蜻蜓立上头。
</P>
</body>
</html>
```
其效果如图 2-4 所示。

图 2-4 例 2-4 显示效果

2.1.4 文字的大小设置

提供设置字号大小的是 "<FONT>" 标签,"<FONT>" 标签有一个属性 "SIZE",通过指定 "SIZE" 属性就能设置字号大小。"SIZE" 属性的有效值范围为 1 ~ 7,其中默认值为 3。我们可以在 "SIZE" 属性值之前加上 " + "、" – " 字符,来指定相对于字号初始值的增量或减量。

【例 2-5】 文字大小设置示例

```
<html>
    <head>
        <title>字号大小</title>
    </head>
    <body>
        <font size=7>这是 size=7 的字体</font><P>
        <font size=6>这是 size=6 的字体</font><P>
        <font size=5>这是 size=5 的字体</font><P>
        <font size=4>这是 size=4 的字体</font><P>
        <font size=3>这是 size=3 的字体</font><P>
        <font size=2>这是 size=2 的字体</font><P>
        <font size=1>这是 size=1 的字体</font><P>
        <font size=-1>这是 size=-1 的字体</font><P>
    </body>
</html>
```
其效果如图 2-5 所示。

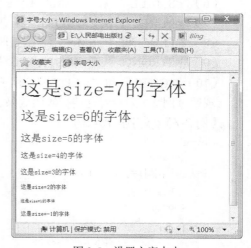

图 2-5 设置文字大小

2.1.5 文字的字体与样式

HTML 提供了定义字体的功能,使用 "<FONT>" 标签的 "face" 属性来完成这个工作。"face" 的属性值可以是本机上的任一字体类型,但要注意的是,只有对方的计算机中装有相同的字体才可以在对方的浏览器中出现你预先设计的风格。

【例 2-6】 文字字体示例

```
<html>
    <head>
        <title>字体</title>
    </head>
    <body>
        <center>
            <font face="楷体_GB2312">北京欢迎你</font><P>
            <font face="宋体">北京欢迎你</font><P>
```

```
            <font face="仿宋_GB2312">北京欢迎你</font><P>
            <font face="黑体">北京欢迎你</font><P>
            <font face="Arial">Beijing welcomes you.</font><P>
            <font face="Comic Sans MS">Beijing welcomes you.</font><P>
        </center>
    </body>
</html>
```

其效果如图 2-6 所示。

为了让文字富有变化，或者为了着意强调某一部分，HTML 提供了一些标签以用来产生这些效果。现将常用的标签列举如下。

图 2-6　设置文字字体

（1）"<B>"和 "</B>"：粗体。

（2）"<I>"和 "</I>"：斜体。

（3）"<U>"和 "</U>"：加下划线。

（4）"<TT>"和 "</TT>"：打字机字体。

（5）"<BIG>"和 "</BIG>"：大型字体。

（6）"<SMALL>"和 "</SMALL>"：小型字体。

（7）"<BLINK>"和 "</BLINK>"：闪烁效果。

（8）"<EM>"和 "</EM>"：表示强调，一般为斜体。

（9）"<STRONG>"和 "</STRONG>"：表示特别强调，一般为粗体。

（10）"<CITE>"和 "</CITE>"：用于引证、举例，一般为斜体。

现通过例 2-7 来看看这些标签的效果。

【例 2-7】 文字样式示例

```
<html>
    <head>
<title>字体样式</title>
    </head>
    <body>
        <B>黑体字</B>
        <P> <I>斜体字</I></P>
        <P> <U>加下划线</U></P>
        <P> <BIG>大型字体</BIG></P>
        <P> <SMALL>小型字体</SMALL></P>
        <P> <BLINK>闪烁效果</BLINK></P>
        <P><EM>Welcome</EM></P>
        <P><STRONG>Welcome</STRONG></P>
        <P><CITE>Welcome</CITE></P>
    </body>
</html>
```

其效果如图 2-7 所示。

图 2-7　设置文字样式

2.1.6　文字的颜色

文字颜色设置格式如下：

```
<font color=color_value>…</font>
```

现在通过例 2-8 来看看文字颜色设置的效果。

【例 2-8】　文字颜色示例

```html
<html>
    <head>
        <title>文字的颜色</title>
    </head>
    <body>
        <br> <font color= Black>文字颜色的显示效果</font>
        <br> <font color= Green>文字颜色的显示效果</font>
        <br> <font color= Red>文字颜色的显示效果</font>
        <br> <font color= Purple>文字颜色的显示效果</font>
        <br> <font color= Blue>文字颜色的显示效果</font>
        <br> <font color= Brown>文字颜色的显示效果</font>
    </body>
</html>
```

这里的颜色值可以是一个十六进制数（用"#"作为前缀），也可以是以下 16 种颜色名称，如表 2-1 所示。

表 2-1　颜色名称及其对应的十六进制数表

颜 色 名 称	十六进制数	颜 色 名 称	十六进制数	颜 色 名 称	十六进制数
Black	"#000000"	White	"#FFFFFF"	Purple	"#800080"
Green	"#008000"	Yellow	"#FFFF00"	Teal	"#008080"
Silver	"#C0C0C0"	Maroon	"#800000"	Fuchsia	"#FF00FF"
Lime	"#00FF00"	Navy	"#000080"	Aqua	"#00FFFF"
Gray	"#808080"	Red	"#FF0000"		
Olive	"#808000"	Blue	"#0000FF"		

其效果如图 2-8 所示。

在很多软件中，都会遇到设定颜色值的问题，初学者往往不理解颜色是如何与一串数字和字母对应的，这里就来简单介绍一下。从科学的角度来讲，人的眼睛看到的颜色有两种：

（1）一种是发光体发出的颜色，比如计算机显示器屏幕显示的颜色；

（2）另一种是物体本身不发光，而是反射的光产生的颜色，比如看报纸和杂志上的颜色。此外，任何颜色都是由三种最基本的颜色叠加形成的，这三种颜色称为"三原色"。

图 2-8　设置文字颜色

对于上面提到的第 1 种颜色，即发光体的颜色模式，又称为"加色模式"，三原色是"红"、"绿"、"蓝" 3 种颜色，加色模式又称为"RGB 模式"；而对于印刷品这样的颜色模式，又称为"减色模式"，它的三原色是"青"、"洋红"、"黄" 3 种颜色，减色模式又称为"CMY"模式。

理解了上述原理，就可以集中到常用于屏幕显示的 RGB 模式上了。例如，在网页上要指定一种颜色，就要使用 RGB 模式来确定，方法是分别指定 R/G/B，也就是红/绿/蓝三种原色的强度，通常规定，每一种颜色强度最低为 0，最高为 255，并通常都以十六进制数值表示，那么 255 对应于十六进制就是 FF，并把 3 个数值依次并列起来，以"#"开头。

例如，颜色值"#FF0000"为红色，因为红色的值达到了最高值 FF（即十进制的 255），其余两种颜色强度为 0。再例如"#FFFF00"表示黄色，因为当红色和绿色都为最大值，且蓝色为 0 时，产生的就是黄色。

这样，就可以使用常用的颜色表达方法了。例如在 HTML 语言规范中，可以通过两种方式指定颜色：

（1）一种方式是以定义好的颜色名称表示，具体的颜色名称针对不同的浏览器也有所不同；

（2）另一种方式通过一个以"#"开头的 6 位十六进制数值表示一种颜色，6 位数字分为 3 组，每组两位，依次表示红、绿、蓝 3 种颜色的强度。

2.1.7　文字对齐方式

通过"ALIGN"属性可以选择文字或图片的对齐方式，"LEFT"表示向左对齐，"RIGHT"表示向右对齐，"CENTER"表示居中。基本语法如下：

```
<DIV ALIGN=#></DIV>
```

【例 2-9】 位置控制示例

```
<html>
    <head>
        <title>位置控制</title>
    </head>
    <body>
        <div align=left>欢迎你</div>
        <div align=right>欢迎你</div>
        <div align=center>欢迎你</div>
    </body>
</html>
```

其效果如图 2-9 所示。

图 2-9　设置文字位置

2.1.8　无序号列表

无序号列表使用的一对标签是"<UL>"和"</UL>"，每一个列表项前使用"<LI>"。其结构如下所示：

```
<UL>
    <LI>第一项</LI>
    <LI>第二项</LI>
    <LI>第三项</LI>
</UL>
```

例如例 2-10 所示的代码。

【例 2-10】 无序号列表示例

```
<html>
    <head>
        <title>无序列表</title>
```

```
    </head>
    <body>
        这是一个无序列表:
        <P>
            <UL>
            生活电器品牌有:
                <LI>美的</LI>
                <LI>海尔</LI>
                <LI>飞利浦</LI>
                <LI>TCL</LI>
                <LI>堡狮龙</LI>
                <LI>先锋</LI>
            </UL>
    </body>
</html>
```

其效果如图 2-10 所示。

图 2-10　不带序号的列表

2.1.9　序号列表

序号列表和无序号列表的使用方法基本相同,它使用标签"<OL>"和"</OL>",每一个列表项前使用"<LI>"。每个项目都有前后顺序之分,多数用数字表示。其结构如下所示:

```
<OL>
    <LI>第一项</LI>
    <LI>第二项</LI>
    <LI>第三项</LI>
</OL>
```

例如例 2-11 所示的代码。

【例 2-11】　序号列表示例

```
<html>
    <head>
        <title>有序列表</title>
    </head>
    <body>
    这是一个有序列表:
        <P>
            <OL>
            生活电器品牌有:
                <LI>美的</LI>
                <LI>海尔</LI>
                <LI>飞利浦</LI>
                <LI>TCL</LI>
                <LI>堡狮龙</LI>
                <LI>先锋</LI>
            </OL>
    </body>
</html>
```

其效果如图 2-11 所示。

图 2-11　带序号的列表

2.1.10　列表的嵌套

这种嵌套是最常见的列表嵌套，重复地使用<OL>和<UL>标签可以组合出嵌套列表。其结构如下所示：

```
<OL>
    <LI>水果品种有</LI>
        <UL>
            <LI>苹果</LI>
            <LI>香蕉</LI>
        </UL>
    <LI>生活电器有</LI>
</OL>
```

例如例 2-12 所示的代码。

【例 2-12】　有序列表嵌套无序列表示例

```
<html>
    <head>
        <title>有序套无序</title>
    </head>
    <body>
    这是一个有序套无序的列表：
            <OL>
                <LI>水果品种有</LI>
                    <UL>
                        <LI>苹果</LI>
                        <LI>香蕉</LI>
                    </UL>
                <LI>生活电器有</LI>
            </OL>
    </body>
</html>
```

其效果如图 2-12 所示。

【例 2-13】　无序列表嵌套有序列表示例

```
<html>
    <head>
        <title>无序套有序</title>
    </head>
    <body>
    这是一个无序套有序的列表：
            <UL>
                <LI>水果品种有</LI>
                    <OL>
                        <LI>苹果</LI>
                        <LI>香蕉</LI>
                    </OL>
                <LI>生活电器有</LI>
            </UL>
    </body>
</html>
```

其效果如图 2-13 所示。

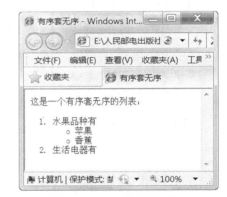

图 2-12　有序套无序的列表

图 2-13　无序套有序的列表

2.2　在 Dreamweaver 中插入文本

Dreamweaver 是"所见即所得"的网页编辑器，插入文本非常方便。直接在文档窗口中输入文本，或者把其他应用程序（如 Word、IE 等）中的文本粘贴到文档窗口中即可。需要注意的是，原有文本中的换行符将被忽略。

文本是网页中最基本的元素。虽然向网页中添加文本非常简单，但是要组织协调它们并不容易，这个工作就是格式化文本。Dreamweaver 提供了两种方法对文本进行格式化，一种是使用文本的属性标签，另一种是使用样式表。后者的功能远远强于前者，但只有高版本的浏览器才能支持。本章先来讲解第一种方法，在下一章中再学习如何使用样式表对文本进行格式化。

首先在文档窗口中输入一些文字，在输入文本时需要注意以下两点。

（1）使用键盘的"Enter"键对文本分段，即 Enter 键与"<P>"和"</P>"标签对应。

（2）使用 Shift+Enter 组合键可以使文本强制换行，但文本仍属于同一段，即 Shift+Enter 组合键与"
"标签对应。用这种方式换行的行间距比用 Enter 键小，但如果不使用样式表来格式化文本，行间距是不可调整的。

先输入两行文本，如图 2-14 所示。

下面就来设置这两个段落文字的属性。如果屏幕下方

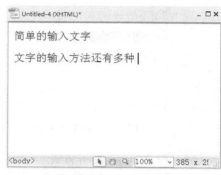

图 2-14　输入两行文本

的"属性"面板没有展开，可选择"窗口→属性"命令，或按 Ctrl+F3 组合键，打开"属性"面板，如图 2-15 所示。"属性"面板上各项目的操作对象是不同的，有时会对整个段落操作，有时仅对选中的文字进行操作。

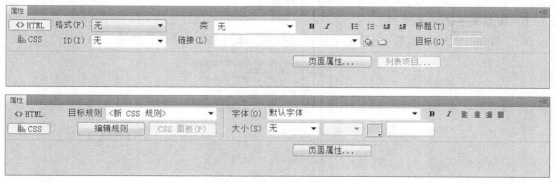

图 2-15　"属性"面板

设置属性的操作主要有以下几种。

1．用"格式"下拉选项设置文字大小

在"属性"面板中有两个输入框可以指定文字的大小。一个是"格式"下拉选项，在其中可以选择"标题 1"～"标题 6"，标题 1 最大，标题 6 最小。"格式"选项对文本光标所在的整个段落起作用，例如把文本光标移到第 1 行中间，然后在"格式"下拉选项中选择"标题 1"，这时整

个第 1 段都会变大，如图 2-16 所示。

注意区别鼠标指针和文本光标。跟随鼠标移动的是鼠标指针，文本光标是窗口中一条闪烁的竖线，它指示了当前文本的插入点。

图 2-16　第 1 行变为第 1 级标题

2. 用"大小"下拉选项设置文字大小

用"大小"下拉选项也可以设置文本大小。与使用"格式"框不同，"大小"框设定的数据仅对选中的文字起作用。我们重新输入两行文字，再来试验一下。选取文字的方法是先将鼠标指针移动到操作对象的开始位置，然后按下鼠标左键并拖曳鼠标，使一些文字高亮显示，然后松开鼠标，这时就选中了高亮显示的文字，如图 2-17 所示。把一些文字选中，然后在"大小"框中选择"36 像素"，效果如图 2-18 所示。

图 2-17　选中的文字以高亮显示

图 2-18　把选中的文本设为 36 像素

3. 设置段落的对齐方式

除了可以设置整个段落的文字大小之外，还可以通过面板上的 ▤、▤、▤ 和 ▤ 4 个按钮设置段落的对齐方式。这 4 个按钮的作用分别是使一个段落向左、居中、向右、两端对齐。

4. 设置文字的加粗、倾斜和颜色属性

选中一些文字，按下 **B** 按钮可以使选取的文字加粗，按下 *I* 按钮可以使文字倾斜，按下 ▢ 按钮，可以在出现的颜色选择板中选择文字的颜色。

5. 设置文字的字体列表

在"属性"面板"字体"选项的下拉列表中可以选择文本的字体，如图 2-19 所示。

图 2-19　设定文本的字体列表

　　　下拉选项的每一行选项中不是一种字体，而是排列了几种字体。为什么要为文字设置字体列表，而不是一种字体呢？如果仅指定了一种字体，而访问网页的浏览器又是各种各样的，系统未必有指定的这种字体，因此为文本设定一个字体列表，当指定的第一种字体不存在时可以使用第二种字体，当第二种字体也不存在时可以使用第三种字体。如果所有指定字体都没有，就使用浏览器系统的默认字体。字体列表选择框的最后一个选项是"编辑字体列表"，即自定义字体列表。

单击 ⊞ 按钮或 ⊞ 按钮可以创建列表，实际上就是在一段文本前加上一个列表符号。使用⊞按钮创建的清单是有序的，每一行文本前有一个序号，而使用 ⊞ 按钮创建的列表是无序的，每一行文本前的项目符号是相同的。相信使用过 Word 的读者对它们不会陌生。图 2-20 所示显示了两种列表的例子。

（a）无序列表   （b）有序列表

图 2-20   创建列表

2.3   实践与练习：书写申请书

这个练习的任务是在 Dreamweaver 中输入并修改文本的属性，所涉及的知识点包括文字的标题、粗体、斜体、对齐方式、修改文字颜色以及对文字进行换行等。本例最终效果如图 2-21 所示。

图 2-21   预览效果

1. 新建文档并输入文字

（1）启动 Dreamweaver CS5，然后选择"文件→新建"命令。在弹出的"新建文档"对话框中，在"页面类型"选项列表中选择"HTML"，"布局"选项列表中选择"无"，如图 2-22 所示，单击"创建"按钮，完成页面的创建。

（2）创建好新文档之后，选择"文件→保存"命令，在弹出的"另存为"对话框中选择页面的保存位置，如图 2-23 所示，在"文件名"文本框中输入页面的名称，如图 2-24 所示，单击"保存"按钮，完成页面的保存。

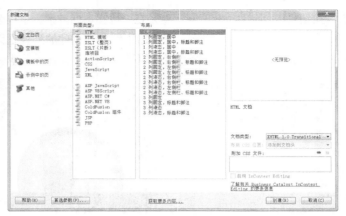

图 2-22　创建新文档

图 2-23　选择页面保存位置

图 2-24　输入页面的名称

（3）保存好页面之后，鼠标在文档窗口中单击鼠标左键，确认文本光标在文档区域内闪烁。接着就可以直接在文档区域内输入相关的文字信息。这里先输入标题，如图 2-25 所示。

（4）因为在这个文档里需要写的是申请书，所以写完标题之后，按 Enter 键进行段落之间的换行，继续书写称谓，如图 2-26 所示。

图 2-25　输入文字

图 2-26　段落换行

（5）输入好称谓之后，按 Shift+Enter 组合键，将光标切换到下一行，如图 2-27 所示，继续书写问候语，如图 2-28 所示。

　　　　除了使用键盘上的 Shift+Enter 组合键换行之外，也可以直接选择"插入→HTML→特殊字符→换行符"命令对文字进行换行。

图 2-27　光标切换到下一行

图 2-28　输入问候语的效果

（6）输入好问候语之后，按 Enter 键进行段落换行，输入正文内容，如图 2-29 所示。按 Enter 键进行段落换行，继续输入正文内容，如图 2-30 所示。

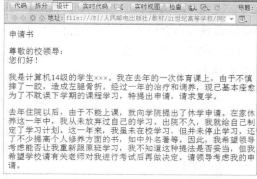

图 2-29　输入第一段正文内容

图 2-30　输入第二段正文内容

（7）正文输入完毕之后，按 Enter 键进行段落换行，输入结尾，如图 2-31 所示。将光标置入到"致敬"两字的中间，按 Shift+Enter 组合键将光标后面的文字切换到下一行显示，如图 2-32 所示。

图 2-31　输入结尾文字

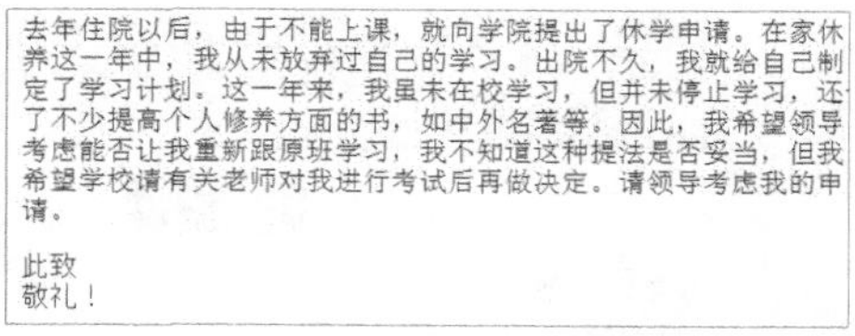

图 2-32　将文字切换到下一行显示效果

（8）将光标置入到文字的最后面，按 Enter 键进行段落换行，输入署名，如图 2-33 所示。

（9）完成名字的输入之后，按 Shift+Enter 组合键，将光标切换到下一行显示，单击"插入"面板"常用"选项卡中的"日期"按钮 ，弹出"插入日期"对话框，在对话框中进行设置，如图 2-34 所示，单击"确定"按钮，插入日期，如图 2-35 所示。

（10）通过上述步骤的操作，申请书就书写完成了。接下来打开属性面板，准备修改文字的属性。属性面板一般位于文档窗口的下方，如果该面板未被打开，可以选择菜单栏"窗口→属性"命令，将其打开。

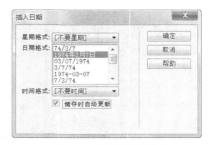

图 2-33　输入署名　　　　　图 2-34　设置日期样式　　　　图 2-35　插入日期效果

2．设置文字样式

（1）打开属性面板后，将鼠标指针放置到标题文字的最前端，然后按住鼠标左键不放，向后拖曳鼠标到标题的最后一个字再松开鼠标，即可将标题文字全部选中。当文字被选中之后，该行文字的背景颜色会以黑色显示，如图 2-36 所示。

（2）在"属性"面板"标题"选项的下拉列表中选择"标题 2"选项，如图 2-37 所示，效果如图 2-38 所示。

图 2-36　选中文字　　　　　图 2-37　设置标题　　　　　图 2-38　标题显示效果

（3）保持文字的选取状态，选择"格式→对齐→居中对齐"命令，将文字设为居中对齐，效果如图 2-39 所示。

（4）用上述的方法选中如图 2-40 所示的文字，单击"属性"面板中的"粗体"按钮 B，如图 2-41 所示，将选中的文字转为粗体显示，如图 2-42 所示。

图 2-39　标题显示效果　　　　　　　　　图 2-40　选中文字

图 2-41　设置文字"粗体"属性　　　　图 2-42　加粗文字效果

（5）选中正文中的"特提出申请，请求复学"文字，单击"属性"面板中的"斜体"按钮 I，如图 2-43 所示，为选中的文字添加斜体效果，如图 2-44 所示。

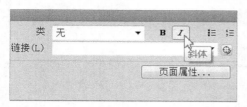

图 2-43　设置文字"斜体"属性

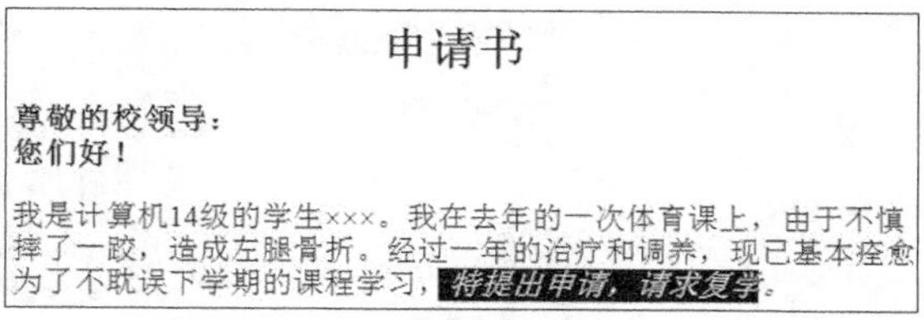

图 2-44　斜体文字效果

（6）保持文字的选取状态，在"属性"面板"目标规则"选项的下拉列表中选择"<新内联样式>"选项，如图 2-45 所示。单击"属性"面板中的"颜色"按钮█，在弹出的颜色列表中选择"红色"，如图 2-46 所示，完成之后文字效果如图 2-47 所示。

（7）完成上述操作之后，按照第（4）步中的方法，将结尾文字也切换为粗体，如图 2-48 所示。

图 2-45　设置 CSS 样式

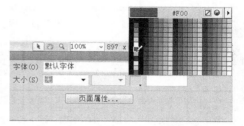

图 2-46　选择文字颜色

图 2-47　设置斜体和颜色后的效果

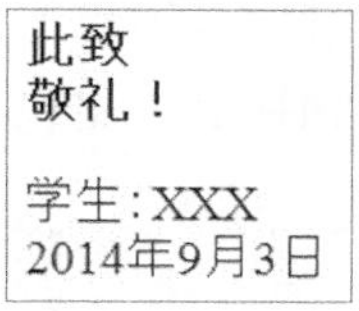

图 2-48　文字粗体效果

（8）将署名和日期文字选中，如图 2-49 所示，选择"格式→对齐→右对齐"命令，将文字设为右对齐，效果如图 2-50 所示。

图 2-49　选中文字

图 2-50　设置文字右对齐效果

（9）下面为正文添加空格效果，但是在 Dreamweaver CS5 中只允许输入一个空格，如果想连续输入多个空格，那么可以选择"编辑→首选项"命令，弹出"首选参数"对话框，在"首选参数"左侧的分类列表中选择"常规"选项，在右侧的"编辑选项"中选择"允许多个连续的空格"复选框，如图 2-51 所示，单击"确定"按钮完成设置。

（10）将光标置入到正文第一段的最前面，按多次空格键，输入空格，如图 2-52 所示。用相同的方法为第二段文字添加多个空格，如图 2-53 所示。

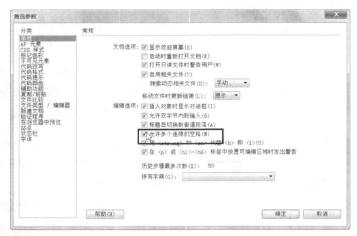

图 2-51　设置连续输入多个空格

我是计算机14级的学生×××。我在去年的一次体育课上，由于不慎摔了一跤，造成左腿骨折。经过一年的治疗和调养，现已基本痊愈，为了不耽误下学期的课程学习，*特提出申请，请求复学。*

去年住院以后，由于不能上课，就向学院提出了休学申请。在家休养这一年中，我从未放弃过自己的学习。出院不久，我就给自己制定了学习计划。这一年来，我虽未在校学习，但并未停止学习，还读了不少提高个人修养方面的书，如中外名著等。因此，我希望领导考虑能否让我重新跟原班学习，我不知道这种提法是否妥当，但我希望学校请有关老师对我进行考试后再做决定。请领导考虑我的申请。

图 2-52　为第一段输入多个空格

我是计算机14级的学生×××。我在去年的一次体育课上，由于不慎摔了一跤，造成左腿骨折。经过一年的治疗和调养，现已基本痊愈，为了不耽误下学期的课程学习，*特提出申请，请求复学。*

去年住院以后，由于不能上课，就向学院提出了休学申请。在家休养这一年中，我从未放弃过自己的学习。出院不久，我就给自己制定了学习计划。这一年来，我虽未在校学习，但并未停止学习，还读了不少提高个人修养方面的书，如中外名著等。因此，我希望领导考虑能否让我重新跟原班学习，我不知道这种提法是否妥当，但我希望学校请有关老师对我进行考试后再做决定。请领导考虑我的申请。

图 2-53　为第二段输入多个空格

（11）按 Ctrl+S 组合键保存文档，按 F12 键预览效果，如图 2-54 所示。

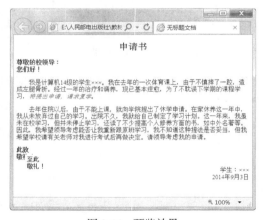

图 2-54　预览效果

2.4　实践与练习：使用项目列表和编号列表

本实例通过制作一个文档来学习项目列表和编号列表的使用方法。使用项目列表可以使同级的目录显得规则整齐，而且容易看懂；使用编号列表可以使各个项目次序井然，条理清晰。最终效果如图 2-55 和图 2-56 所示。

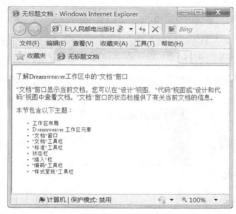

图 2-55　预览"项目列表"效果　　　　图 2-56　预览"编号列表"效果

（1）启动 Dreamweaver CS5，新建一个空白页面。创建好新文档之后，选择"文件→保存"命令，在弹出的"另存为"对话框中选择页面的保存位置，如图 2-57 所示，在"文件名"文本框中输入页面的名称，如图 2-58 所示，单击"保存"按钮，完成页面的保存。

图 2-57　选择文档保存位置　　　　　　图 2-58　输入文档名称

（2）创建好新文档之后，在文档窗口内直接输入正文，如图 2-59 所示。这里的文本属性保持默认状态即可。下面选中将要创建无序列表的段落，如图 2-60 所示。

图 2-59　输入文字之后效果　　　　　　图 2-60　选中文字

（3）选好文字之后单击"属性"面板中的"项目列表"按钮 ，如图 2-61 所示，可以发现在所选的每段前面多出黑色圆点，此点即为列表符号，如图 2-62 所示。

图 2-61　创建项目列表　　　　　　　　图 2-62　选中的文字转换为项目列表

（4）保持文字的选取状态，在"属性"面板"目标规则"选项的下拉列表中选择"<新内联样式>"选项，如图 2-63 所示。

图 2-63　创建 CSS 样式

（5）在"属性"面板"大小"选项的下拉列表中选择"small"，如图 2-64 所示，设置选项文字的大小，如图 2-65 所示。

图 2-64　选择文字的大小　　　　　　　　图 2-65　更改大小之后的文字

（6）按 Ctrl+S 组合键保存文档，按 F12 键预览效果，如图 2-66 所示。

（7）返回到 Dreamweaver CS5 的文档窗口中，选中如图 2-67 所示的文字。在"属性"面板中单击"编号列表"按钮 ，将所选的无序列表转换为有序列表显示，如图 2-68 所示。

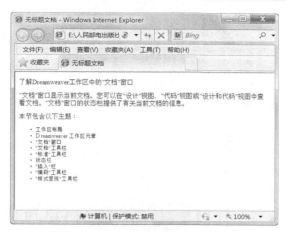

图 2-66 预览效果

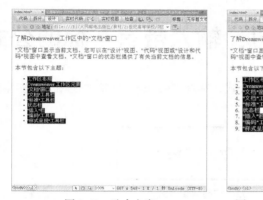

图 2-67 选中文字

图 2-68 将项目列表转换为编号列表

（8）按照第（4）步和第（5）步中的方法，设置文字的大小，如图 2-69 所示。

（9）选择"文件→另存为"命令，弹出"另存为"对话框，在"文件名"文本框中输入"index1"，如图 2-70 所示，单击"保存"按钮，完成页面的另存为。

图 2-69 更改大小之后的文字

图 2-70 输入文档的名称

（10）按 F12 键预览效果，如图 2-71 所示。

图 2-71　预览效果

2.5　实践与练习：输入带有下标的公式

本练习通过制作一个带有下标的化学公式，掌握"<sub>"标签的使用方法。本例最终效果如图 2-72 所示。

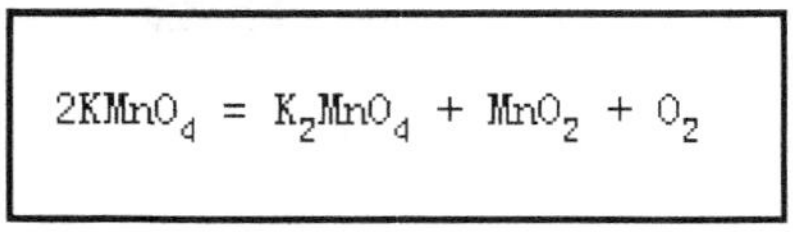

$$2KMnO_4 = K_2MnO_4 + MnO_2 + O_2$$

图 2-72　完整的化学式

（1）启动 Dreamweaver CS5，新建一个空白页面。创建好新文档之后，选择"文件→保存"命令，在弹出的"另存为"对话框中选择页面的保存位置，如图 2-73 所示，在"文件名"文本框中输入页面的名称，如图 2-74 所示，单击"保存"按钮，完成页面的保存。

图 2-73　选择文档保存位置

图 2-74　输入文档名称

（2）接下来借助"<sub>"标签，在文档窗口中输入一行正确的化学公式。

（3）首先在文档窗口中输入公式等号左边的化学式，如图 2-75 所示。这里只能输入正常的数值，如果要将数值"4"设置成下标，需要使用"<sub>"标签。

（4）要使用"<sub>"标签，先要选中数值"4"，然后单击"属性"最右侧的"快速标签编辑器"按钮，如图 2-76 所示。

图 2-75　输入第一个化学值　　　　　　　图 2-76　打开"快速标签编辑器"

（5）单击"快速标签编辑器"按钮之后，会弹出"编辑标签"对话框，在该对话框中可以直接输入"<sub>"标签或在下拉菜单中选择"<sub>"标签，如图 2-77 所示。

（6）输入"<sub>"标签之后，按键盘上的 Enter 键进行确认，再回到文档中观察化学数值的效果，数值"4"已经变成了下标效果，如图 2-78 所示。

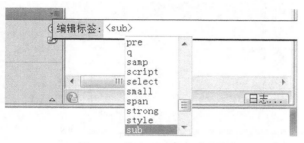

图 2-77　输入"<sub>"标签　　　　　　　　图 2-78　下标效果

（7）继续在文档窗口中输入等号右边的化学式，将整个化学式书写完整，如图 2-79 所示。

（8）按照第（5）步、第（6）步中的方法，为其他几个需要修改成下标的数值添加上"<sub>"标签，完成后观察最终效果，如图 2-80 所示。按 Ctrl+S 组合键保存文档，按 F12 键预览效果，如图 2-81 所示。

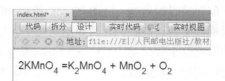

图 2-79　继续输入化学式　　　　　　　　图 2-80　完整的化学式

除了可以在属性面板中直接添加标签外，还可以选择菜单栏"插入→标签"命令，或按 Ctrl+E 组合键，打开"标签选择器"对话框，在左侧"标记语言标签"列表中选择"HTML 标签"选项，在右侧列表中选择"<sub>"标签，然后单击"插入"按钮，如图 2-82 所示。

单击"插入"按钮后会弹出"标签编辑器"对话框，在该对话框中输入需要变成下标的数值，如图 2-83 所示。完成后单击"确定"按钮后回到"标签选择器"对话框，再单击"关闭"按钮关闭该对话框。

回到文档窗口可以发现文档以"拆分"格式呈现，此时单击"设计"按钮，以设计视图观察文档窗口，一个下标就添加完成了。

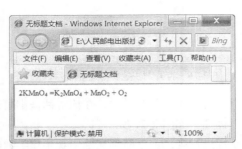

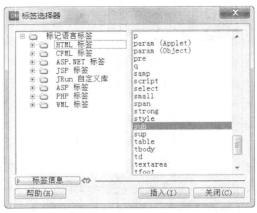

图 2-81　预览效果　　　　　　　　　　图 2-82　选择 "<sub>" 标签

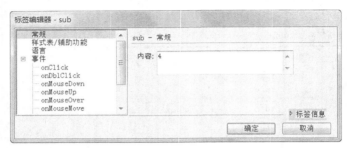

图 2-83　添加下标内容

2.6　使用 CSS 格式化文本

前面曾经提到过，使用 HTML 排版和使用 Word 不同。由于 HTML 的标签数量十分有限，因此很难精确地控制版式。例如控制文字的行距，对于 HTML 来说就是很困难的。因此，层叠样式表的出现就十分必要了。CSS（Cascading Style Sheets，层叠样式表），就是专门用于定义各种各样的样式的一套规范，有了它，就可以非常灵活地设计各种样式了。

2.6.1　CSS 工作原理

CSS 本身是一个定义样式的规范，样式中的属性在 HTML 元素中依次出现，并显示在浏览器中，比如绿色、斜体和 Arial 字体等。样式可以定义在 HTML 文档的标签里，也可以在外部附加文档作为外加文件。一个样式表单可以作用于多个页面，甚至整个站点，因此具有更好的易用性和扩展性。

样式表单究竟怎样工作呢？还是通过一个最简单的例子来认识吧。

假设要建立一个页面，并要求页面上所有 "<H3>" 文本都是绿色、黑体。在深入掌握 CSS 之前，先可以使用一个 "笨" 办法，即在 HTML 文档中每个 "<H3>" 中放上一段声明，参见例 2-14。

【例 2-14】　"笨" 办法定义文本样式示例

```
<html>
    <head>
        <title>CSS</title>
    </head>
```

```
<body>
    <font face="黑体" color="green">
        <H3>这是绿色的三级标题</H3>
    </font>
                    这是普通的标题
    <font face="黑体" color="green">
        <H3>这也是绿色的三级标题</H3>
    </font>
</body>
</html>
```

图 2-84 使用"笨"办法定义文本样式

这些代码的效果如图 2-84 所示。

这样的话，如果有很多个"<H3>"标题，那么就要定义很多次"<H3>"的样式。为了解决这个问题，CSS 提供了一种叫选择器（Selector）的功能，只需要一次定义，见例 2-15。

【例 2-15】 选择器使用示例

```
<html>
    <head>
        <title>CSS Demo</title>
        <style>
            <!--
                H3 {
                    font-family: 黑体;
                    color: green;
                    }
            -->
        </style>
    </head>
    <body>
        <H3>这是绿色的三级标题 </H3>
        <H3>这也是绿色的三级标题. </H3>
    </body>
</html>
```

其中粗体字的部分，就定义了选择器的属性和属性值。

"font-family：黑体；"就定义了"<H3>"标签的字体，"color:green；"则定义了它的颜色。因此一旦此样式作用于一个 HTML 文档，则每个"<H3>"标题都将显示绿色黑体字，如图 2-85 所示。

图 2-85 使用选择器定义样式

2.6.2 样式与 HTML 相结合

在上一节中，已经介绍了 1 种名为 CSS 的定义样式方法，共有 4 种方法可以将这些定义的样式与 HTML 文档结合。最简单的两种方法是把样式定义直接写在"<HEAD></HEAD>"或"<BODY></BODY>"里。同时，也可以独立建立外部样式表单文件并附于 HTML 文档。

1. 在文档"<HEAD></HEAD>"中定义

最好的定义单一 HTML 文档样式的方法是把样式定义语句放在"<HEAD></HEAD>"里，而如果多个文档使用同一样式，那最好使用外部独立 CSS 定义。把样式定义写在注释标签中再放进"<STYLE>"标签，写到"<HEAD>"中即可。例如，沿用前面的例 2-14。

在例 2-14 中，有两个"<H3>"标题，但是并没有为"<H3>"定义两次样式，而是所有的"<H3>"标题都显示为相同的样式。

在"<STYLE>"标签中的"type"属性定义了本页所调用的样式表单——CSS。然后，把样式定义以注释语句的形式放在"<STYLE>"里：

```
<!--
    H3 { font-family: Arial; font-style: italic; color: green }
-->
```

这样做的目的是为了不引起旧版本浏览器的错误。如果某个执行此页面的浏览器不支持 CSS，它将忽略其中的内容。

2．在行内定义 CSS

除了上面介绍的把样式定义放在"<HEAD>"中，也可以把属性加入 HTML 文档到"<BODY>"内来定义。如下面的例子仅修改了第一个"<H3>"的样式，而对第二个"<H3>"不起作用。如图 2-86 所示。

【例 2-16】 在行内定义 CSS 示例

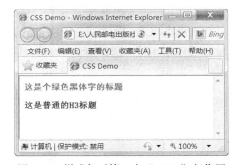

图 2-86 样式仅对第一个"<H3>"起作用

```
<html>
    <head>
        <title>CSS Demo</title>
    </head>
    <body>
        <H3 style="font-family: 黑体; color: green">这是个绿色黑体字的标题</H3>
        <P>
        <H3>这是普通的 H3 标题</H3>
    </body>
</html>
```

大多数情况下，这种方法并未充分利用样式表单作为广域定义的优势，它仅在改变个别元素的样式时有用。

2.6.3 定义样式

使用 CSS 的基本原则是"先定义，后使用"。即先对某个 HTML 标签进行定义，然后再应用它。这里介绍一下"选择器"的概念。

1．选择器

无论是内部调用或是外附文件，CSS 定义的方法是一样的，格式为：

```
H3 { font-family: 黑体}
```

在上面这个语句中，"H3"就是选择器，"font-family: 黑体"是定义的样式。定义是将属性（font-family）和属性值（黑体）结合起来，用冒号分开。属性是指元素所能够具有的特征——如字体，字体尺寸或颜色；而属性值是指定属性所能拥有的元素值——如 Arial 字体，24-point 或 red。

如果要对一个颜色定义多重属性，用分号隔开属性即可，如下所示：

```
H3 { font-family: Arial; color: green }
```

为增加可读性，多重属性也可以分行写成，如下所示：

```
H3 {
    font-family: Arial;
    color: green
}
```

同样，要为一个属性定义多个属性值，需要用逗号隔开，如下所示：

```
H3  {
        font-family:黑体,Arial, Helvetica;
        font-style: italic;
        color: green
    }
```

上面的 font-family 属性提供了浏览器数个可选择的属性值，浏览器将逐个读取直到遇上可以使用的字体。第一项（黑体）是建议字体，第二项（Arial）是如果用户系统中没有黑体时所调用的可选字体，第三项（Helvetica）是最后选项。如果浏览器还是没有找到这些字体，那只能用浏览器默认的字体来代替。

2. 用 CLASS 和 ID 作为选择器

任何一个 HTML 标签都可以作为选择器，但是有时想要定义得更为确切，则可使用 CLASS 和 ID。例如，假设希望设定文字的样式，但是如果将 "<p>" 标签设置为某一种样式以后，网页中所有的文字段落都会显示为同一种样式，这样就不够灵活了。如果想要分别用几种不同的方法定义文字样式，使用 CLASS 和 ID 就更方便。一旦定义了 CLASS 或 ID，就可以把它附加于任何 HTML 标签中来定义样式，而不用限制标识只定义一部分风格。

给 CLASS 一个名称（总以一个点号 "." 开头），再把标准的属性和值定义写在大括号中，例如：

```
.bluetext { color: #0000FF }
```

一旦包含有 CLASS 的样式表单作用于一个 HTML 文档，就可以把 CLASS 加入文档中的任何一个 HTML 标签。例如：

```
<STRONG class="bluetext">This is blue text.</STRONG>
```

ID 的用法和 CLASS 差不多，只不过它以 "#" 号开头而不是点号，例如：

```
#red text { color: #ff0000 }
```

把它这样加入 HTML 标签中，例如：

```
<P id="redtext">This text is red.</P>
```

把上面两个例子放在同一个文档中，得到的效果如图 2-87 所示。

【例 2-17】 CLASS 和 ID 示例

```
<html>
    <head>
        <title>CSS Demo</title>
        <style type="text/css">
            <!--
                .bluetext { color: #0000FF }
                #redtext  { color: #ff0000 }
            -->
        </style>
    </head>
    <body>
        <strong class="bluetext">
        <p>这些文字使用了 bluetext 中定义的样式</p></strong>
        <p id="redtext">这些文字使用了 redtext 中定义的样式</p>
    </body>
</html>
```

图 2-87　使用 CLASS 和 ID 选择器

2.7　在 Dreamweaver 中用样式表进行文本格式化

通过前面的介绍，已经了解了 HTML 的基本原理，即事先规定好一些标签（Tag）。这些标签定义了某种格式，HTML 代码中一部分是将要在浏览器中显示的内容，另一部分就是标签，用这些标签规定了内容的显示格式，例如"<H1>Hello the World!</H1>"这行代码就是指定用一级标题的格式显示"Hello the World!"这句话。从这里就可以看出有一个严重的问题，这些标签是很有限的。层叠式样式表（CSS）的作用是把定义标签的权利交给用户，让用户自己先定义格式，再来使用定义好的格式，并且把定义的格式称为样式。层叠式样式表甚至允许用户重新定义 HTML 现有的标签。例如重新定义"<H1>"标签后，上面的那行代码就以新的样式显示了。总之，层叠式样式表的基本思想是格式与内容分离，先定义后使用。

2.7.1　创建样式表

在 Dreamweaver CS5 中，选择"窗口→CSS 样式"命令，或按 Shift+F11 组合键，打开 CSS 样式面板，如图 2-88 所示。由于目前尚没有定义任何样式，所以也就没有样式可供使用。单击"CSS 样式"面板底部的 🔂 按钮，弹出"新建 CSS 规则"对话框，如图 2-89 所示。

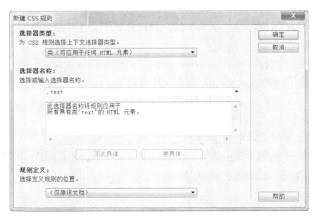

图 2-88　"CSS 样式"面板　　　　　图 2-89　"新建 CSS 规则"对话框

在"选择器类型"选项的下拉列表中，有 4 种类型的选择器可供选择，分别为"类（可应用于任何 HTML 元素）""ID（仅用于一个 HTML 元素）""标签（重新定义 HTML 元素）"和"复合内容（基于选择的内容）"。这里选择"类（可应用于任何 HTML 元素）"，即使用类选择器，然后在"选择器名称"文本框中输入一个名称。注意在名称前面一定要放置一个点号（例如".text"），加点号的作用是让浏览器知道这是一个样式类（Class），而不是 HTML 的标签符。

输入完名称后，在"规则定义"选项列表中，选择"仅对该文档"选项，并单击"确定"按钮。弹出".text 的 CSS 规则定义"对话框，如图 2-90 所示。在这个对话框中可以定义样式的属性。Dreamweaver CS5 把这些属性分成了 8 类，在左侧的"分类"选项列表中可以选择某一类属性，然后在右侧对这一类属性进行设置。对于文本样式，设定前三类属性，即"类型""背景"和"区块"就足够了。

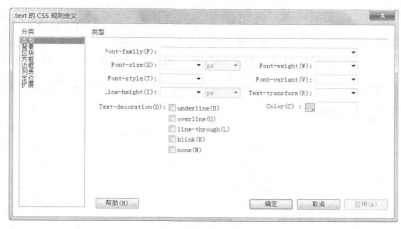

图 2-90 定义样式

图 2-90 所示显示了"类型"选项的属性定义对话框。要注意的是，虽然有很多属性可以设置，但并不是每一个属性设置后就一定有效。例如，有的属性与字体有关。同一种字体有不同的样式，如倾斜、加粗等，如果系统的字库缺少相应的版本，即便设定了某种属性也没有效果。另外，如果访问者的系统没用相应的字体，也会看不到设定的效果。因此，在设定各种属性时应该尽量使用最普通、最常见的属性。

这里简单介绍一些属性的作用，这些属性都在"类型""背景"选项中。"区块"选项中的属性也很有用，但通常要和表格、图层共同使用。

（1）Font-family（字体）：为文字设置字体。一般情况下，使用用户系统上安装的字体系列中的第一种字体显示文本。

（2）Font-size（大小）：定义文本的大小。这里就不像用"属性"面板那样只有很少的几种固定大小供选择了，这里可以精确到以像素为单位设置文本大小，方法是在"大小"输入框中输入数值，并在右边的下拉列表中选择"像素"作为单位。还可以选择其他单位，如"点数""厘米"等。除了这些单位之外，"字母高"（em）也很有用，1 个 em 就是一个字母"m"的宽度，设定时可以用小数，如 1.3em，即一个字母"m"的宽度的 1.3 倍。

（3）Font-style（样式）：指定字体的风格为"normal（正常）""italic（斜体）"或"oblique（偏斜体）"。默认设置为"normal（正常）"。

（4）Line-height（行高）：设置文本的行高。这个属性很有用，用它就可以设定文本的行间距。

（5）Font-weight（粗细）：设置文本的粗细效果。它包含"normal（正常）""bold（粗体）""bolder（特粗）""lighter（细体）"和具体粗细值多个选项。通常"normal（正常）"选项等于 400 像素，"bold（粗体）"选项等于 700 像素。

（6）Font-variant（变体）：将正常文本缩小一半尺寸后大写显示，IE 浏览器不支持该选项。Dreamweaver CS5 不在文档窗口中显示该选项。

（7）Text-transform（大小写）：将选定内容中的每个单词的首写字母大写，或将文本设置为全部大写或小写。它包括"capitalize（首字母大写）""uppercase（大写）""lowercase（小写）"和"none（无）"4 个选项。

（8）Color（颜色）：设置文本的颜色。

（9）Text-decoration（修饰）选项组：控制链接文本的显示形态，包括"underline（下划线）"

"overline（顶划线）""Line-through（删除线）""blink（闪烁）"和"none（无）"5个选项。正常文本的默认设置是"none（无）"，链接的默认设置是"underline（下划线）"。

以上属性在"类型"选项中设置，以下属性在"背景"选项中设置，如图2-91所示。

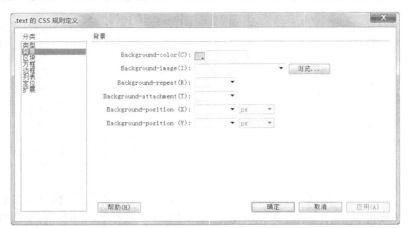

图2-91 定义样式对话框的"背景"选项

（1）Background-color（背景颜色）：设置网页元素的背景颜色。

（2）Background-image（背景图像）：设置网页元素的背景图像。

（3）Background-repeat（重复）：控制背景图像的平铺方式，包括"no- repeat（不重复）""repeat（重复）""repeat-x（横向重复）"和"repeat-y（纵向重复）"4个选项。若选择"no- repeat（不重复）"选项，则在元素开始处按原图大小显示一次图像；若选择"repeat（重复）"选项，则在元素的后面水平或垂直平铺图像；若选择"repeat-x（横向重复）"或"repeat-y（纵向重复）"选项，则分别在元素的后面沿水平方向平铺图像或沿垂直方向平铺图像，此时图像被剪辑以适合元素的边界。

（4）Background-attachment（附件）：设置背景图像是固定在它的原始位置还是随内容一起滚动。IE浏览器支持该选项，但 Netscape Navigator 浏览器不支持。

（5）Background-position（X）（水平位置）和 Background-position（Y）（垂直位置）：设置背景图像相对于元素的初始位置，它包括"left（左对齐）""center（X轴居中）""right（右对齐）""top（顶部）""center（Y轴居中）""bottom（底部）"和"（值）"7个选项。该选项可将背景图像与页面中心垂直和水平对齐。

设定好样式的各属性之后，单击定义样式对话框的"确定"按钮，回到编辑样式对话框，单击"完成"按钮，这时样式对话框的列表中将有一个样式可供使用，然后就可以把这个样式应用于某些文本。

2.7.2 应用设定好的样式

假设已经按照上面的方法创建了一个样式为 WhiteOnBlue，如图2-92所示，它能够实现蓝底白字的效果。在文档窗口中输入几段文本，第1段是标题，后面几段是内容，现在还没有设定它们的格式，如图2-93所示。

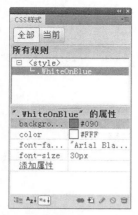

图 2-92　创建样式为 WhiteOnBlue　　　　　　图 2-93　在文档窗口输入一些文本

首先要确定样式的应用范围。文档窗口左下角有 "<body>" 和 "<p>" 这两个 HTML 标签，它们都可以被按下。如果按下 "<body>" 标签，就表示对整个页面使用某种样式；如果按下 "<p>" 标签，就表示对光标所在段使用某种样式。

在这里先在文档窗口中，将光标置入到第一段文字的最前面、中间位置或最后位置都可，然后在 "属性" 面板 "类" 选项的下拉列表中选择 "WhiteOnBlue"，如图 2-94 所示，应用样式，效果如图 2-95 所示。

如果要对一段文本中的某一部分文字应用样式，只需选择相应文本即可，而不需要选择窗口左下角的任何标签。

图 2-94　选择要应用的样式

图 2-95　把样式 WhiteOnBlue 应用于标题的效果

至此，我们把这个网页保存起来，命名为 page1.htm，后面的例子中我们还会用到这个页面。

观察此时这个页面的 HTML 代码，可以看到相应的 HTML 源代码如下，请注意代码中以粗体显示的语句。

```
<!DOCTYPE HTML PUBLIC "-//W3C//DTD HTML 4.01 Transitional//EN"
```

```
           "http://www.w3.org/TR/html4/loose.dtd">
<html>
    <head>
        <meta http-equiv="Content-Type" content="text/html; charset=gb2312">
        <title>无标题文档</title>
        <style type="text/css">
        <!--
            .WhiteOnBlue {
                font-family: "Arial Black", Gadget, sans-serif;
                font-size: 30px;
                color: #FFF;
                background-color: #090;
            }
        -->
        </style>
    </head>
    <body>
        <p> </p>
        <p class="WhiteOnBlue">Adobe Dreamweaver CS5 的主要最新功能。</p>
        <p>Dreamweaver CS5 集成了 Adobe BrowserLab（一种新的 CS Live 在线服务），该服务为跨
浏览器兼容性测试提供快速准确的解决方案。通过 BrowserLab，您可以使用多种查看和比较工具来预览 Web 页和本
地内容。</p>
        <p>Adobe Business Catalyst 是一个承载应用程序，它将传统的桌面工具替换为一个中央平台，
供 Web 设计人员使用。该应用程序与 Dreamweaver 配合使用，允许您构建任何内容，包括数据驱动的基本 Web 站
点，以及功能强大的在线商店。</p>
    </body>
</html>
```

在"<head>"和"</head>"标签之间加入了"<style>"标签。当浏览器读到"<style
type="text/css">"这句话就知道下面开始定义样式了。"</style>"表示样式定义结束，在这对标签
之间可以定义多个样式。定义样式的格式就是在样式的名称后面用大括号把样式的各种属性括起
来，各属性之间用分号相隔，这些属性的值都是在刚才定义样式时设定的。请参见上面代码中第
1 段粗体字。

在第 2 段粗体字中，"<p>"标签变成了"<p class="WhiteOnBlue">"，这就指示把 WhiteOnBlue
样式应用于这一段文本。

上面介绍的这种样式表叫做嵌入式样式表，就是说样式表是嵌在 HTML 文件中的。如果一个
网站有很多网页，而每页都要使用相同的样式，那么应该使用链接式样式表。即定义好一套样式
后，把它的内容存储为一个文件，并以".css"为文件名的后缀。例如把上面代码中的一部分存储
成一个文本文件，并命名为 whiteonblue.css，其内容如下：

```
.WhiteOnBlue {
    font-family: Arial, Helvetica, sans-serif;
    font-size: 36pt;
    color: #FFFFFF;
    background-color: #006699;
}
```

然后在要使用这个样式的文件的"<head>"和"</head>"标签之间加一行代码如下：

```
<link href="style.css" rel="stylesheet" type="text/css" />
```

这样就可以使用 WhiteOnBlue 样式了。使用链接式样式表除了方便之外还有一个重要的作用，
就是可以加快网页的下载速度。因为浏览器只需下载一个样式表文件，就可以被所有网页使用。

如果使用嵌入式样式表，样式表代码就会随各个网页被下载多次，这样就浪费了网络带宽。

除了链接式样式表之外还有一种内联式样式表，它的作用是直接在某一标签后面添加样式代码，例如：

```
<H1 style="color: blue"> Hello the World! </H1>
```

这行代码指示这一行的内容将以蓝色显示。内联式样式表的作用范围仅限于它修饰的标签的作用范围，它的优越性在于灵活，适用于个别文本样式的情况。

上面介绍了 3 种样式表，但在某些情况下会发生冲突。例如，某个 HTML 文件的代码如下：

```
<html>
    <head>
        <title>无标题文档</title>
            <meta http.equiv="Content.Type"
        content="text/html; charset=gb2312">
        <link rel="Stylesheet" href= "style01.css" type= "text/css">
        <style type="text/css">
            .TextAlign {text.align:left}
        </style>
    </head>
    <body bgcolor="#FFFFFF">
        <p class="TextAlign">The Ancient History Of The Internet</p>
        <p> </p>
    </body>
</html>
```

其中链接的样式表文件 style01.css 的内容为：

```
.TextAlign {text.align: center}
```

这个文件中就出现了样式冲突问题。在链接的样式表中定义 TextAlign 样式，它使文本居中对齐。在 HTML 文件中再次定义了 TextAlign 样式，使文本向左对齐，并在后面的文本中使用了这个样式，即以嵌入式样式表为准。事实上各种样式表之间存在优先级准则，这个优先级准则是：

内联式样式表 > 嵌入式样式表 > 链接式样式表 > 浏览器的默认设置

也就是说，当发生冲突的时候，首先以内联式样式为准，其次为嵌入式样式，接下来是链接式样式，当没有任何样式时就使用默认的设置。当然前提是样式表的语法要正确，语法不正确的样式表会被浏览器忽略。

2.8　实践与练习：在文档中设置使用 CSS

这里着重练习在 Dreamweaver CS5 中通过 CSS 面板对"计算机发展史"文档设置 CSS 样式，主要是对字体、字号、颜色、背景色、行高等进行设置。最终效果如图 2-96 所示。

（1）首先启动 Dreamweaver CS5，新建一个空白页面。创建好新文档之后，选择"文件→保存"命令，在弹出的"另存为"对话框中选择页面的保存位置，在"文件名"文本框中输入页面的名称"index.html"，单击"保存"按钮，完成页面的保存。

（2）在新文档窗口内单击鼠标左键，确认文本光标在文档区域内闪烁。直接在文档区域内输入相关的文字信息，如图 2-97 所示。

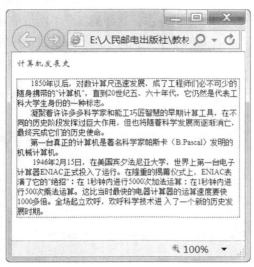

图 2-96　最终效果显示

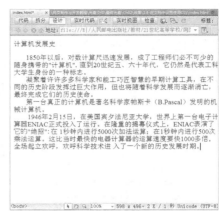

图 2-97　输入文本

（3）输入好相关的文字后，开始对文字设置样式。先对这段文本的标题文字"计算机发展史"的样式进行设置。

（4）选择"窗口→CSS 样式"命令，或按 Ctrl+F11 组合键，打开"CSS 样式"面板，如图 2-98 所示。

（5）CSS 面板顶部是"全部"和"当前"两个切换按钮，可以在两种模式之间切换。这里默认的是"当前"模式，现在我们来单击"全部"按钮，如图 2-99 所示。

（6）此时的"CSS"面板未做任何设置，单击 CSS 面板底部的"新建 CSS 规则"按钮，准备创建 CSS 规则，如图 2-100 所示。

图 2-98　"CSS 样式"面板

图 2-99　选择"全部"模式

图 2-100　单击"新建 CSS 规则"按钮

（7）单击"新建 CSS 规则"按钮后，就会弹出"新建 CSS 规则"对话框，在该对话框"选择器类型"选项列表中选择"类（可应用于任何 HTML 元素）"选项，在"选择器名称"文本框中输入 CSS 样式的名称。注意在"名称"输入框中，要在名称的前加一个点号，例如，如果名称是 text，那么要输入为".text"。然后在"规则定义"选项的下拉列表中选择"仅对该文档"选项，如图 2-101 所示。

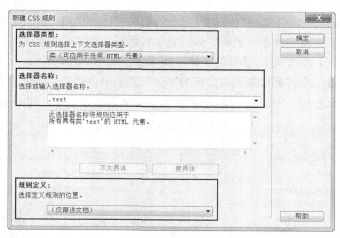

图 2-101　"新建 CSS 规则"对话框

（8）单击"确定"按钮，弹出".text 的 CSS 规则定义"对话框，如图 2-102 所示。

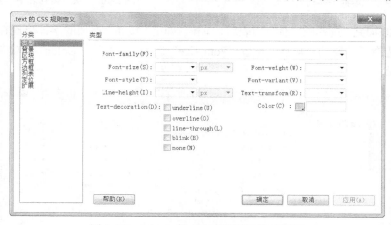

图 2-102　".text 的 CSS 规则定义"对话框

（9）在左侧的"分类"选项列表中选择"类型"选项，这里就保持默认，在右边类型设置区"Font-family"选项列表中选择要定义的某种字体，如图 2-103 所示。

图 2-103　选择字体

（10）如果"Font-family"选项列表中没有所需要的字体，单击"Font-family"选项列表中的"编辑字体列表"选项，就会弹出"编辑字体列表"对话框，在"可选字体"列表里选择字体，单击"向左"按钮（ ），添加到 "选择的字体"列表中，如图 2-104 所示。

（11）把所有需要的字体都添加到"选择的字体"列表中，如果"选择的字体"列表中有些字体不需要，可以将其选中后单击"向右"按钮（ ），从列表中删除，如图 2-105 所示。

图 2-104　"编辑字体列表"对话框

图 2-105　从字体列表中删除字体

（12）字体添加到"选择的字体"列表后，单击"确定"按钮，添加的字体出现在"Font-family"选项列表里。选择了需要的字体后，设置"Font-size"选项为"14"、"Color"选项为红色（#F00），如图 2-106 所示。

图 2-106　设置"text2"CSS 样式

（13）单击"确定"按钮，至此对文本标题的样式"text"的设置就完成了。它将用于设置标题的样式。

（14）现在来设置内容文本样式，设置的方法与设置标题文本样式是一样的。单击"新建 CSS 规则"按钮 ，在弹出的"新建 CSS 规则"对话框中进行设置，如图 2-107 所示。

（15）单击"确定"按钮，弹出".text2 的 CSS 规则定义"对话框，在左侧的"分类"选项列表中选择"类型"选项，在右侧的选项中设置"Font-size"选项为"12"，"line-height"选项为"16px"，如图 2-108 所示。在左侧的"分类"选项列表中选择"背景"选项，在右侧选项中设置"Background-color"选项为浅黄色（#FFFFEC），如图 2-109 所示。

（16）在左侧的"分类"选项列表中选择"边框"选项，在右侧的选项中进行如图 2-110 所示的设置，单击"确定"按钮，至此对文本正文的样式"text2"的设置就完成了。它将用于设置正文的样式。

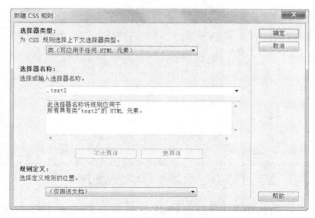

图 2-107　"新建 CSS 规则"对话框

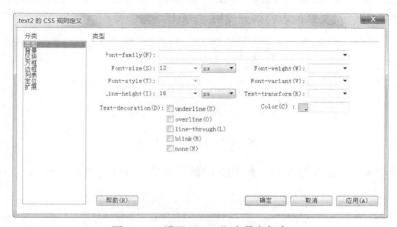

图 2-108　设置"text2"字号和行高

图 2-109　设置"text2"的背景颜色

图 2-110　设置"text2"的边框样式

（17）样式都设置好以后，就可以应用 CSS 样式了。将光标置于标题行的任何位置，然后在"属性"面板"类"选项列表中选择"text"，如图 2-111 所示。这样就对标题行应用了"text"样式。用同样的方法，对文章的内容部分应用"text2"样式。

图 2-111　应用 CSS 样式

（18）按 Ctrl+S 组合键保存文档，按 F12 键预览效果，如图 2-112 所示。

图 2-112　应用 CSS 效果

小　　结

在这一章中，学习了如何设置文字的格式。一个网页无论多么与众不同，它也不能少了文字的参与，因此必须掌握在网页中插入文字及设置文字格式的方法。本章的重点是与文字相关的各种 HTML 标签，以及如何使用 Dreamweaver CS5 设置网页上的文字样式。

练　　习

2-1　网页标题的内容，通常会显示在浏览器窗口的左上角。要标签网页的标题，可以使用的标签是（　　　）。

（A）<html></html>

（B）<head></head>

（C）<body></body>

（D）<title></title>

2-2　段落可以有多种对齐方式。这些对齐方式包括（　　　）。

（A）左对齐

（B）右对齐

（C）两端对齐

（D）居中对齐

2-3　创建一个网页，其参考效果如图 2-113 所示，要求使用粗体显示标题，并分别使用编号列表和项目列表进行排版。

2-4　制作一个通知，其参考效果如图 2-114 所示，要求标题用居中的深红色粗体字，正文的最后一句为黄色斜体字，末尾的日期为居中的斜体字。

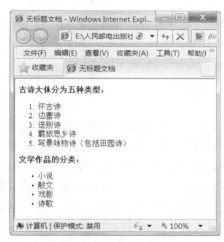

图 2-113　习题 2-3 图

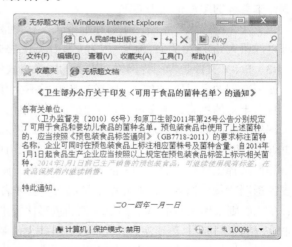

图 2-114　习题 2-4 图

第3章
网页中的图片

图片是网页中不可缺少的元素，巧妙地在网页中使用图片可以为网页增色不少。本章先介绍在网页中常用的 3 种图片格式，再介绍如何在网页中插入图片，以及图片的样式和插入的位置。通过本章的学习，读者可以做一些简单的图文网页，并根据自己的喜爱制作出不同的图片效果。

3.1　网页中的图片格式

目前在网页上使用的图片格式主要是 GIF 和 JPG 两种。

（1）GIF 格式即为图像交换格式。GIF 格式只支持 256 色以内的图像，且采用无损压缩存储，在不影响图像质量的情况下，可以生成很小的文件；同时它支持透明色，可以使图像浮现在背景之上。并且由于其为交换格式，在浏览器下载整张图片之前，用户就可以看到该图像，所以在网页制作中首选的图片格式为 GIF。

（2）JPG 格式为静态图像压缩标准格式，它为摄影图片提供了一种标准的有损耗压缩方案。它可以保留大约 1670 万种颜色，因为它要比 GIF 格式的图片小，所以下载的速度要快一些。

（3）PNG 文件是专门为网络而准备的图像格式，其具有如下特点。

使用新型的无损压缩方案，图像在压缩后不会有细节的损失。

具有丰富的色彩，最多可以显示 1670 万种颜色。

图像格式的通用性差。IE 4.0 或更高版本和 Netscape 4.04 或更高版本的浏览器都只能部分支持 PNG 图像的显示。因此，只有在为特定的目标用户进行设计时，才使用 PNG 格式的图像。

如何选择图片格式呢？GIF 格式仅为 256 色，而 JPG 格式支持 1670 万种颜色，PNG 格式可以支持透明背景。如果颜色的深度不是那么重要或者图片中的颜色不多，就可采用 GIF 格式的图片；反之，则采用 JPG 格式。如果颜色的色彩比较丰富还要保持某部位透明，那么，这时可以选择 PNG 格式。同时，还要注意一点，GIF 格式文件解码速度快，而且能保持更多的图像细节，而 JPG 格式文件虽然下载速度快，但解码速度较 GIF 格式慢，图片中鲜明的边缘周围会损失细节，因此若想保留图像边缘细节应采用 GIF 格式。

3.2　与图片相关的 HTML 标签

依照本书的惯例，先介绍一些与图片相关的 HTML 标签，然后介绍如何使用 Dreamweaver CS5

软件进行辅助设计。

3.2.1　插入图片

请看例 3-1 所示的代码。

【例 3-1】　在网页中插入图片示例

```
<html>
    <head>
        <title>图片的插入</title>
    </head>
    <body>
        <img src= images/SGT.jpg>
    </body>
</html>
```

在浏览器中打开这个网页，其效果如图 3-1 所示。注意代码中以粗体显示的语句。"<img>"标签的作用就是插入图片，其中属性"src"是该标签的必要属性，该属性指定导入图片的保存位置和名称。在这里，导入的图片与 HTML 文件是处于同一目录下的，如果不处于同一目录下，可以采用设置路径的方式来导入，关于路径的概念在下一章中再进行更深入的介绍。

图 3-1　图片的插入

3.2.2　图片标签属性的应用

下面将介绍"<img>"标签中的几个重要属性。首先请看例 3-2 所示的代码，看看在"<img>"标签中如何控制图片的大小。

【例 3-2】　图片大小控制示例

```
<html>
    <head>
        <title>图片的大小控制</title>
    </head>
    <body>
        <img src= images/BK.jpg height=100>
        <img src= images/LW.jpg width=100>
        <img src= images/SG.jpg height=150 width=200>
    </body>
</html>
```

在浏览器中打开这个网页，其效果如图 3-2 所示。

注意代码中以粗体显示的语句。控制图片大小依靠"width"和"height"两个属性，"width"属性控制图片的宽度，"height"属性控制图片的高度。当图片只设置了其中一个属性的时候，另一个属性就自动依照原始图片的两个属性值的比例等比变化。比如有张图片原始大小为 80×60，当只设置了该图片的显示宽度为 160 时，高度将自动以 120 来显示。两者的语法结构为"<img width=n"或"m%>"、"<img height=n"或"m%>"。其中 n 代表一个数值，单位为像素，m 代表 0 ~ 100 的数，即 m%的取值范围为 0% ~ 100%，图片

图 3-2　图片大小

将以相对于当前窗口大小的百分比来显示。

此外，还可以在插入图片的周围加上边框，如例 3-3 所示。

【例3-3】 图片边框设置示例

```
<html>
    <head>
        <title>图片的边框</title>
    </head>
    <body>
        <img src= images/YW.jpg width=80 height=60 border=6>
        <img src= images/YW.jpg width=120 height=100 border=4>
        <img src= images/YW.jpg width=160 height=140 border=2>
    </body>
</html>
```

在浏览器中打开这个网页，其效果如图 3-3 所示。

图 3-3　图片的边框设置

注意代码中以粗体显示的语句。border 属性的作用就是给图片加上指定粗细的边框。"<img border=n>"中的"n"为一个数值，单位为像素。

在 HTML 中，可以对图片设置替代文字，如例 3-4 所示。

【例3-4】 图片替代文字设置示例

```
<html>
    <head>
        <title>文字代替图片</title>
    </head>
    <body>
        <img src= images/JH.jpg alt=这是菊花图片><br>
        文字代替图片
    </body>
</html>
```

在浏览器中打开这个网页，其效果如图 3-4 所示。

图 3-4　文字代替图片

注意代码中以粗体显示的语句。"alt"属性就是设置提示图片的文字，其属性值设置的是在图片不能显示时转而显示的文字，同时鼠标放在图像上时指针的右下角也会显示提示文字。

测试时可能会发现浏览器不会不显示图片，那是因为图片就在本地计算机中，可以先关闭浏览器中显示图片的功能，这样就可以看到如图 3-4 所示的效果了。

关闭浏览器中显示图片功能的具体操作步骤如下：

（1）打开浏览器，选择浏览器菜单栏上的"工具"命令；

（2）在下拉菜单中选择"Internet 选项"命令；

（3）出现"Internet 选项"对话框，选择"高级"选项卡；

（4）往下移动滚动条，选择"多媒体"项目，然后取消选择"显示图片"一项，单击"确定"按钮，如图 3-5 所示，即完成相关操作。

图 3-5　取消显示图片

在 HTML 中，可以使用"hspace"和"vspace"属性设置图片的边距，如例 3-5 所示。

【例 3-5】　图片边距设置示例

```
//以上部分同前
```

<p>桃花含有山萘酚、胡萝卜素、维生素等成分，其中山萘酚有较好的美容护肤作用。 据《国经本草》记载：采新鲜桃花，浸酒，每日喝一些，可使容颜红润，艳美如桃花。 《普济方》在介绍桃花酒”的制法与功用时说： `<img src="images/01.jpg" width="150" height="101" `**`hspace="30" vspace="20"`**`/>`三月三采新鲜桃花，以上等白酒浸泡， 49 日后服。久服，可除病益颜。</p>

```
//以下部分同前
```

在浏览器中打开这个网页，其效果如图 3-6 所示。

图 3-6　图片的水平、垂直边距的设置

注意代码中以粗体显示的语句。hspace 和 vspace 属性的作用就是设置图片的水平边距和垂直边距。"<img vspace =n hspace=n>"中的"n"为一个数值，单位为像素。

3.3　使用 Dreamweaver CS5 插入图片

为了在网页中显示图片，我们必须先准备一张图片。目前流行的应用于网页的图片格式有 3 种，即 GIF 格式、PNG 格式和 JPG 格式，这 3 种格式的图片，浏览器都可以正确显示。我们把准备好的图片文件与刚才做好的网页文件放在相同的文件夹里。

将文本光标移到要插入图片的地方，这里把这个位置设定为这段文字的最开头位置。选择"插入→图像"命令，或按 Ctrl+Alt+I 组合键，在出现的文件选择对话框中选择要插入的图片文件。在目录窗口下方有一行"相对于"下拉框，选择"文档"为与文档的相对路径，另一个选项是与根目录的相对路径，通常选择"文档"。

图 3-7　在段首插入一幅图片

例如把一幅图片插到一段文字的开头，效果如图 3-7 所示。

如果要插入的图片不在网站的目录中，将出现对话框询问是否将图片复制到网站的目录下，应该单击"是"按钮，否则将来把本地网站目录上传到远程服务器后，就无法显示这幅图片了。Dreamweaver CS5 还会询问将图片复制到网站目录时所用的名字。

这样布局并不美观，如果能把图片的位置移动一下就好了。打开"属性"面板，如图 3-8 所示，图片的"属性"面板样式与刚才的文本"属性"面板差不多，但具体内容有所变化。在"对齐"下拉列表中选择"右对齐"选项，这时文档窗口如图 3-9 所示。在"属性"面板上还可以设定其他属性，如图片的宽度和高度等。

图 3-8　设置图片属性

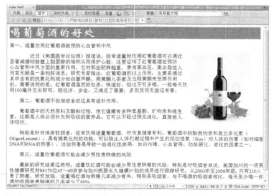

图 3-9　设定图片为右对齐

在设置了图片的对齐方式后，在段落的开头，即插入图片的位置出现了一个图标，表示在 HTML 文件中插入图片的标签的位置。此时相关部分的 HTML 代码如下：

```
//以上部分同前
<p class="text1"><img src="images/01.jpg" width="236" height="278" align="right" />
```

近日《美国医学论坛报》报道说，经常适量地饮用红葡萄酒可以通过显著减缓动脉壁上胆固醇的堆积从而保护心脏，这更证明了红葡萄酒在预防心血管和中风方面的重要作用，它对那些肥胖超重，患有高血压、高血脂症的人而言无疑是一条利好消息。研究专家指出，红葡萄酒的以上作用，主要是通过其中含有的抗氧化剂成分如白藜芦醇、类黄酮儿茶素及五羟黄酮来发挥作用的。需要说明的是，红葡萄酒虽然好处多，味道好，但也不可多喝。一般每天饮用 100 毫升左右即可，既经济、安全，又满足了需要；多则反而无益还有害。</p>

```
//以下部分同前
```

增加的语句为粗体显示，它就是插入图片的 HTML 标签。而粗体字所显示的这几个属性，就是对应于"属性"面板所设定的值。"源文件"表示的就是图片文件的路径，"宽"设定的是图片的宽度，"高"设定的是图片的高度，"对齐"设定的是图片的对齐方式，这里选择的是右对齐。其他属性将在后面介绍。

3.4 实践与练习：修改图片大小

本练习的目的是掌握在 Dreamweaver CS5 中修改图片尺寸的方法和"重新取样"按钮的功能。本例最终效果如图 3-10 所示。

图 3-10 预览效果

（1）首先启动 Dreamweaver CS5，选择"文件→新建"命令，新建一个空白页面。创建好新文档之后，选择"文件→保存"命令，在弹出的"另存为"对话框中选择页面的保存位置，在"文件名"文本框中输入页面的名称"index.html"，单击"保存"按钮，完成页面的保存。

（2）接下来在文档窗口中先输入标题文字，这里输入"计算机发展史"文档，并在属性面板中，对该标题文字加粗处理，如图 3-11 所示。输入好标题文字后，按 Enter 键进行段落之间的换行，输入正文内容，如图 3-12 所示。

图 3-11　输入标题文字

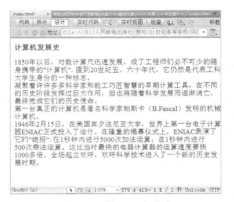

图 3-12　输入正文内容

（3）按 Enter 键进行段落之间的换行，接着单击"插入"面板"常用"选项卡中的"图像"按钮⊡，在弹出的"选择图像源文件"对话框中，选择一张与计算机相关的素材图片，单击"确定"按钮，弹出"图像标签辅助功能属性"对话框，在"替换文本"文本框中输入"计算机发展史"，如图 3-13 所示。

（4）单击"确定"按钮，完成图像的插入，如图 3-14 所示。

图 3-13　设置替换文本

图 3-14　插入图像的效果

　　　　这里"替换文本"的作用是：当站点被发布后，如果因网速等原因造成图片不能很快显示时，就会优先显示"替换文本"中的内容，不至于在图片位置上保持空白。"详细说明"后面可以跟随一个地址，对替换的文本内容详细补充说明，如果没有可以不填。

（5）图片插入之后保存图像的选取状态，可以在属性面板中观察到当前图片的高度、宽度以及图片大小等，例如这张图片的宽度和高度分别是 500 和 375，如图 3-15 所示。

图 3-15　图像"属性"面板

（6）通过观察图片在文档中的比例，可以发现图片明显过大，需要适当调整一下它的尺寸。要调整图片的尺寸，要保证图像是选中状态，如果图像没有被选中只需要在图像上单击鼠标，即可将图像选中，然后在属性面板中修改图片的高度和宽度。

例如，这里将图片的高度和宽度分别修改为"240"和"200"，如图 3-16 所示。

　在属性面板中输入了新的宽度和高度后，在宽、高的参数框后面会出现一个旋转箭头形状的图标，如图 3-17 所示。单击该图标，可以恢复图片的原始尺寸，然后再进行重新定义。

图 3-16　在属性面板中修改图片的尺寸

图 3-17　恢复原始尺寸

（7）在属性面板中重新输入了图片的尺寸后，按键盘上的 Enter 键进行确认。可以发现文档中的图片尺寸已经变小，如图 3-18 所示。

（8）要修改图片的尺寸，还可以直接将鼠标移动到被选中图片的右下角的控制点上，当鼠标变成倾斜的双箭头形状时，按住鼠标左键向内或者向外拖曳鼠标，即可修改图片尺寸，如图 3-19 所示。

图 3-18　缩小后的图片效果

图 3-19　直接修改图片的尺寸

　这里除了拖曳图片右下角的控制点修改图片尺寸外，还可以拖曳图片的右边缘和下边缘的控制点，分别修改图片的宽度和高度。

（9）图片被缩小后，在文档的空白处单击就可以取消图片的选择状态。这时观察图片，发现被缩小后的图片出现了锯齿，已经变得不再光滑。要解决这个问题，就需要用到属性面板中的"重新取样"功能。

（10）在使用"重新取样"功能前，先要选中文档中的图片，然后在属性面板中单击"重新取样"按钮，如图 3-20 所示。

　单击"重新取样"按钮后，会弹出一个如图 3-21 所示的对话框，显示一些提示信息，在这里我们单击"确认"按钮。使用"重新取样"功能后，会改变原始图像文件的大小。如果该图像被多个网页公用，那么在一个网页中进行重新取样，就会影响其他网页的外观。因此在使用该功能前最好先确认一下该图是否被多个网页公用。

 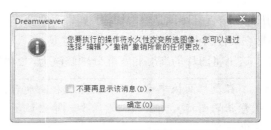

图 3-20　启用"重新取样"功能　　　　图 3-21　有关提示信息的对话框

（11）使用"重新取样"功能后，可以发现文档中的图片已经变清晰，锯齿也消失了，如图 3-22 所示。

（12）保持文档中图片的选中状态，然后选择"格式→对齐→居中对齐"命令，使图片处于文档的居中位置，如图 3-23 所示。

（13）按 Ctrl+S 组合键保存文档，按 F12 键预览效果，如图 3-24 所示。

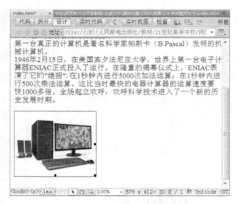 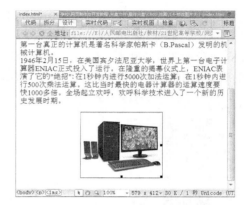

图 3-22　"重新取样"后的图片　　　　图 3-23　居中对齐图片

图 3-24　预览效果

3.5　实践与练习：对齐图像

练习通过对一段正文进行排版，掌握如何设置图片与正文之间的对齐方式。本例最终效果如图 3-25 所示。

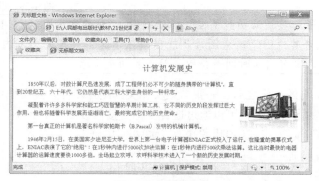

图 3-25　预览页面

（1）首先启动 Dreamweaver CS5，选择"文件→新建"命令，新建一个空白页面。创建好新文档之后，选择"文件→保存"命令，在弹出的"另存为"对话框中选择页面的保存位置，在"文件名"文本框中输入页面的名称"index.html"，单击"保存"按钮，完成页面的保存。

（2）在文档中输入多段文字，通过简单排版后，效果如图 3-26 所示。

（3）接下来要在正文的中间插入一张图片。在插入图片之前，先将光标置入到第一段的最前面。单击"插入"面板"常用"选项卡中的"图像"按钮，准备插入图片，如图 3-27 所示。

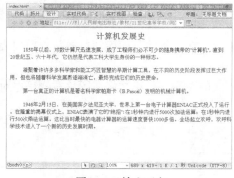

图 3-26　输入正文

图 3-27　单击"图像"按钮

（4）单击"图像"按钮后，会弹出"选择图像源文件"对话框，在该对话框中选择一张与正文相关的图片，然后单击"确定"按钮准备插入图像源文件。

　　　　这里选择源文件时，如果所选择的图片与当前文档不在同一个目录下，将会弹出一个询问提示框，询问是否要将源文件复制到当前站点的根文件夹中，单击"是"表示同意就行。接着还会弹出一个"复制文件为"对话框，在该对话框中将图片保存到站点目录的根文件夹中就可以。

（5）这里所选的图片与当前文档已处于同一站点目录下，所以当第（4）步中单击"确定"按钮后，会直接弹出"图像标签辅助功能属性"对话框。在这个实例中不需要设置替换文本，所以直接单击"取消"按钮即可，如图 3-28 所示。

图 3-28　设置辅助功能

在"图像标签辅助功能属性"对话框中，"替换文本"的作用是当发布站点之后，因为网速或者其他因素造成图片不能很快显示时，替换的文本内容就可以优先显示出来，以减少浏览者因长时间等待图片而产生的疲倦感。

（6）完成第（5）步的操作之后，一张与正文相关的图片就插入到文档中，如图 3-29 所示。如果被插入到文档中的图片过大，可以通过拖曳鼠标直接修改图片的大小，修改完成后单击属性面板中的"重新取样"按钮，确认图片的修改，如图 3-30 所示。

图 3-29　插入图片

图 3-30　重新取样图片

（7）重新取样图片之后，保持图片的选中状态不变，在"属性"面板"对齐"选项列表中选择"左对齐"选项，如图 3-31 所示。

（8）选择了"左对齐"命令之后，图片将位于正文的左侧，而正文将在图片右侧呈左对齐状态，如图 3-32 所示。

图 3-31　选择"左对齐"命令

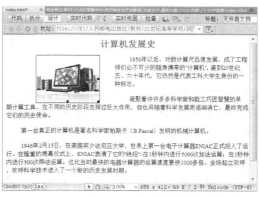

图 3-32　左对齐效果

（9）如果希望图片与正文处于右对齐状态，只需要保持图片的选中状态，然后在"属性"面板"对齐"选项列表中选择"右对齐"命令即可，如图 3-33 所示。当然也可以选择其他的对齐方式，具体情况根据页面的实际需求来定。

（10）按 Ctrl+S 组合键保存文档，按 F12 键预览效果，如图 3-34 所示。

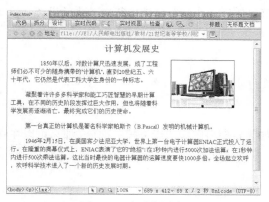

图 3-33　右对齐图片

图 3-34　预览页面

（11）在浏览器中我们观看到文字与图片之间相隔比较近，如果想要调整它们之间的距离，可以返回到 Dreamweaver CS5 的文档窗口中并选中图片，然后在"属性"面板"水平边距"和"垂直边距"选项文本框中均输入 10，如图 3-35 所示，输入好数值之后，按 Enter 键确认数值的输入。

（12）按 Ctrl+S 组合键保存文档，按 F12 键预览效果，如图 3-36 所示。

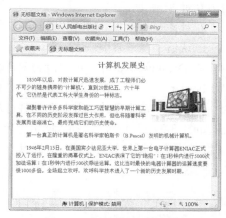

图 3-35　设置图片边距

图 3-36　调整边距的预览效果

小　　结

本章首先介绍了在 HTML 中插入图片的方法，这样就可以使网页图文并茂，更加生动。然后介绍了使用 Dreamweaver CS5 在网页中插入图片文件的方法，并且利用 Dreamweaver CS5 的辅助功能对图像文件作一些非常方便的设置和修改，这些都是制作网页中非常基础的操作，希望读者能够掌握熟练。

练 习

3-1 使用<img>标签显示出来的图像，可以使用"align"属性进行进一步的设置。这个属性表示（   ）。

（A）在图像上添加文本

（B）排列对齐一个图像

（C）设置图像的大小

（D）加入一条水平线

3-2 在 Dreamweaver 中插入图像之后，如果希望将图像边缘去掉一部分，那么可以在"属性"面板上单击（   ）。

（A）🖼按钮

（B）◐按钮

（C）◹按钮

（D）△按钮

3-3 设置图片周围文本的环绕方式，可以设置不同的排列外观。在 Dreamweaver 中，可以使用的是（   ）。

（A）浮于文字上方

（B）左对齐

（C）右对齐

（D）默认值

3-4 在 Dreamweaver 中，可以设置图片边框，突出图片的外观。设置边框的属性是（   ）。
（A）border   （B）alt   （C）color   （D）align

3-5 在网页中插入图片，并对图片进行裁剪操作，其参考效果如图 3-37（a）所示。图片原来的效果如图 3-37（b）所示，插入网页之后将图中的游客全裁剪掉，并进行缩小，要求保持图像的清晰度。然后增大图像的对比度，素材为"Ch03→素材→习题 3-5→images"文件夹中的"text.txt"和"01.jpg"。

（a）

（b）

图 3-37 习题 3-5 图

第4章
建立超链接

前面两章中所做的工作仅仅是使网页中可以显示文本和图像，虽说是"图文并茂"了，但这对于网页来说还很不够。为了使网站中的众多网页构成一个整体，必须使各网页通过超链接的方式联系起来，也就是说，使访问者能够在各个页面之间跳转。

超链接就是当用鼠标单击一些文字、图片或其他网页元素时，浏览器就会根据其指示载入一个新的页面或跳转到页面的其他位置。与超链接相关的一个概念是定位点（也称锚点），它指明了网页中一个确定的位置，以便超链接跳转时定位。

4.1　从 HTML 的角度理解超链接

仍然根据本书的原则，先从 HTML 语言的角度，来介绍超链接。然后再使用 Dreamweaver CS5 为网页添加超链接。下面就来介绍各种超链接的制作方法。

4.1.1　文字超链接

建立超链接所使用的 HTML 标签为"<a>"和"</a>"标签。观察例 4-1 所示的这段网页文档。

【例 4-1】　文字超链接示例

```html
<html>
  <head>
    <title>超链接</title>
  </head>
  <body>
      单击<a href=pic.html>这里</a>链接到一个
图片网页
  </body>
</html>
```

注意代码中以粗体显示的语句。在"<a>"标签中，"href"属性是必要属性，用来放置超链接的目标地址，该目标可以是本机上的某个 HTML 文件，也可以是其他网站上的某个网页的 URL 地址。"<a>"和"</a>"之间的内容为超链接名称。

图 4-1　超链接的建立

这个页面显示的效果如图 4-1 所示，单击"这里"两个字以后，网页就跳转到链接的"pic.html"页面了。

4.1.2　理解路径的概念

路径的作用就是定位一个文件的位置，使用过 Windows 的用户都会了解文件夹和子文件夹，这本身就是路径的概念。例如在上面的例子中，链接到的"pic.html"就是一个路径，直接使用文件名表示这个文件和原来的网页文件在同一个文件夹中。如果链接到的网页不和原网页在同一个文件夹中，就不能这样写了。如图 4-2 所示的目录结构。

如果希望从 Ex1.html 文件链接到 1.jpg 文件，应该如何设置路径呢？在 ch4 文件夹中，有一个 ch4_1 文件夹，而在 ch4_1 文件夹中，有一个 Ex1.html 文件，以及一个 image 文件夹，在 image 文件夹中有一个 1.jpg 文件。

从 Ex1.html 文件链接到 1.jpg 文件，可以使用两种方法。

（1）相对于当前文档。

./image/1.jpg（"."代表当前目录，因此"./image"代表当前目录下的 image 文件夹，"./"是可以省略的，省略后即 image/1.jpg）

（2）相对于根目录。

/ch4_1/image/1.jpg（第一个"/"代表根目录，"ch4_1/image/1.jpg"代表根目录下的 ch4_1 子目录中的 image 子目录中的 1.jpg 文件）

假如是如图 4-3 所示的目录结构，又如何设置相对路径和绝对路径呢？

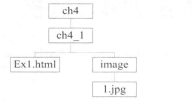

图 4-2　调用下一级目录中的文件

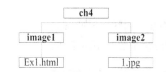

图 4-3　调用不同文件夹中的文件

例如，image1 文件夹中的 Ex1.html 文件要链接到 image2 文件夹中的 1.jpg 文件。

（1）相对于当前文档。

../image2/1.jpg（".."代表上一层目录，因此"../image2"代表上层目录下的 image2 子目录，这是不能省略的）

（2）相对于根目录。

/image2/1.jpg（第一个"/"代表根目录，"/image 2/1.jpg"代表根目录下的 image2 子目录中的 1.jpg 文件）

除了上面说的"相对于当前文档"和"相对于根目录"这两种方式之外，还有一种绝对路径，例如 http://www.artech.cn.1.jpg，但在制作网页时，如果是链接到内部的文件，都不使用这种绝对地址。

再回到前面的例子中，如果我们把代码改为如例 4-2 所示。

【例 4-2】路径示例

```
<html>
  <head>
    <title>超链接</title>
  </head>
  <body>
```

```
单击<a href=sub/pic.html>这里</a>链接到一个图片网页
  </body>
</html>
```

例 4-2 说明，要链接到的 pic.html 这个文档在当前文档的 sub 子文件中。因此，制作超链接的时候，一定要保证链接目标的路径要正确；否则就会出现错误。图 4-4 所示为一个如果访问者单击了一个不正确的链接后，浏览器显示的结果，告知未找到文件。

图 4-4　页面载入错误

4.1.3　设置文字链接的颜色

超链接可以通过设置链接的颜色来表示链接是否已经被单击，但这是在 "<body>" 标签中设置的，而不是在 "<a>" 标签中。下面来看一个具体的例子。

【例 4-3】　超链接颜色设置示例

```
<html>
  <head>
    <title>链接颜色的变化</title>
  </head>
  <body text=blue alink=red vlink=yellow link=green>
    注意<a href=#>颜色</a>的变化
  </body>
</html>
```

在浏览器中打开这个网页，其效果如图 4-5 所示。

（a）未单击时的状态显示

（b）鼠标经过时的状态显示

（c）单击过的状态显示

图 4-5　链接颜色的显示效果

注意代码中以粗体显示的语句。在 "<body>" 标签中，"link" 属性是设置从未单击过的超链接的文字颜色，"alink"属性是设置单击时的超链接文字颜色，"vlink"属性是设置单击过后的超链接文字颜色。

这里还有一个问题，就是当第一次单击该链接的时候，可以看到颜色的变化，但是当返回去或者是再次打开网页时，会发现链接的颜色总是为黄色，而不会像刚开始的那样显示为绿色。这是因为浏览器可以自动记录用户所访问过的网页链接记录，这样就可以方便用户下次的访问。也可以删除这样的记录信息，只要选择浏览器的"工具→删除浏览的历史记录"命令，如图4-6所示，就可以弹出"删除浏览的历史记录"对话框，如图4-7所示，单击"删除"按钮，即可以将浏览的历史记录删除。当再次打开刚才的网页时就会发现，链接颜色又变为了绿色。

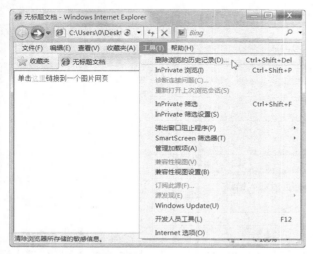

图4-6 选择浏览器的历史记录命令

图4-7 "删除浏览的历史记录"对话框

4.1.4 特定目标的链接

在制作网页时，可能会出现网页内容过长或者是网页内容繁杂混乱的情况，这样当用户浏览网页时就会很不方便。要解决这个问题，可以使用超链接的手段在网页开头的地方制作一个向导链接，直接链接到特定的目标，这个目标称为"锚记"。

【例4-4】 锚记应用示例

```
<html>
  <head>
    <title>特定链接</title>
  </head>
  <body>
    <h1>古诗鉴赏</h1><p>
    <h3>单击<a href=#春宫怨>春宫怨</a></h3><p>
    <h3>单击<a href=#登科居>登科居</a></h3><p>
    <h3>单击<a href=#五十言怀诗>五十言怀诗</a></h3><p>
    <a name=春宫怨><h2>春宫怨</h2></a>
    昨夜风开露井桃，<p>
    未央前殿月轮高。<p>
    平阳歌舞新承宠，<p>
    帘外春寒赐锦袍。<p>
```

```
<br><br><br>
<a name=登科居><h2>登科居</h2></a>
昔日龌龊不足夸，<p>
今朝放荡思无崖。<p>
春风得意马蹄疾，<p>
一日看尽长安花。<p>
<br><br><br>
<a name=五十言怀诗><h2>五十言怀诗</h2></a>
笑舞狂歌五十年，<p>
花中行乐月中眠。<p>
漫劳海内传名字，<p>
谁信腰间没酒钱。<p>
诗赋自惭称作者，<p>
众人疑道是神仙。<p>
些须做得工夫处，<p>
莫损心头一寸天。<p>
<br><br><br>
<br><br><br>
</body>
</html>
```

在浏览器中打开这个网页，其效果如图 4-8 所示。

当单击"五十言怀诗"这几个字的时，网页就会直接跳到"五十言怀诗"这几个文字所在的位置，效果如图 4-9 所示。

图 4-8 特定链接

图 4-9 "五十言怀诗"的链接

注意代码中以粗体显示的语句。要做出这个效果，需要两种"<a>"标签属性的配合使用，即"name"属性和"#"属性。首先在开头设置向导链接"<a href=#目标名称>链接名称</a>"，指明网页应跳到哪个目标名称的位置上，然后设置相应的特定目标"<a name=目标名称>链接名称</a>"。注意，"#"属性的目标名称和"name"属性的目标名称要一致。

4.1.5 以新窗口显示链接页面

相信大家已经发现，当单击链接时，所链接页面还是在同一个窗口中显示。如要在新窗口显示，只需在"<a>"标签中加入"target"属性就可以了。代码如例 4-5 所示。

【例 4-5】 在新窗口中打开链接页面示例

```
<html>
```

```
<head>
    <title>以新窗口方式打开</title>
</head>
<body>
    以<a href=sg.html target=_blank>新窗口</a>方式打开一个网页
</body>
</html>
```

注意代码中以粗体显示的语句。只需在"<a>"标签中设置"target"属性为"_blank"，该链接的页面就会以新窗口显示。

4.2　使用 Dreamweaver CS5 设置超链接

在本节中，将介绍使用 Dreamweaver CS5 设置超链接的方法。

4.2.1　文字超链接

使一些文字成为超链接的方法非常简单。用鼠标选中要变成超链接的文字，再在"属性"面板"链接"文本框中输入要跳转到的目标页面，也可以单击"链接"选项右侧的"浏览文件"按钮，选择要跳转的文件。

我们先制作一个简单的网页，并将其保存为"tqc.html"。我们在页面的下方加上文字"进入首页"，如图 4-10 所示，目标就是要访问者用鼠标单击"进入首页"时，跳转到首页。

设定方法就是在写好文字以后，用鼠标选中文字，然后在"属性"面板"链接"文本框中输入"index.html"，这样就设定好了。

除此之外，Dreamweaver CS5 还提供了一种很独特、方便的方法。

继续使用上面的网页为例，首先用鼠标选中要设为超链接的文字，例如，还是"进入首页"，然后打开"文件"面板，如图 4-11 所示。里面已有一个 index.htm 文件，现在需要把上面选中的"进入首页"文字变为超链接，并把它链接到 index.html。

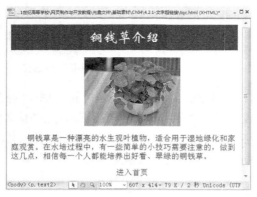

图 4-10　设置超链接文字

图 4-11　"文件"面板

使屏幕上能同时看到"属性"面板和"文件"面板，然后将鼠标放置在"属性"面板"链接"选项右侧的"指向文件"按钮的上方，按下鼠标左键，拖曳鼠标，这时会出现一个箭头。当箭头指向"文件"面板中的某一个文件时（例如 index.html），文件周围出现一个方框，这时松开鼠标左键。这时被选中的文字下面就出现了下划线，单词的颜色变为蓝色，表示它已经是超链接了，并且它的目标 URL 就是箭头指向的文件。

但是在文档窗口中并不能像在浏览器中一样实现跳转，要观察跳转的效果，按 F12 键进入到浏览器中进行预览效果。

此时相关部分的 HTML 代码如下，粗体显示的语句为超链接的 HTML 标签。

```
//以上部分同前
<p class="text2">铜钱草是一种漂亮的水生观叶植物，适合用于湿地绿化和家庭观赏。在水培过程中，有一些简单的小技巧需要注意的，做到这几点，相信每一个人都能培养出好看、翠绿的铜钱草。</p>
<p align="center" class="text2"><a href="index.html">进入首页</a></p>
//以下部分同前
```

在黑体字部分出现了 "<a>" 和 "</a>" 标签，它们之间的文字将被设为超链接文字，"href" 属性用来设定跳转目标页面的路径。

这里再复习一下，建立超链接时要注意 URL 的三种方式。

（1）绝对地址：例如 "http://www.artech.com.cn/page1.htm"。

（2）相对于服务器根目录：例如 "/page1.html"，以一条斜线（/）开头，说明文件 page1.html 在服务器的根目录下。

（3）相对于文档：例如 "page1.html"，说明页面 page1.html 在当前文档所在的目录下。在这种方式下，可以用两个点号表示上一级目录，例如 "../page1.html" 表示页面 page1.htm 在当前文档的上一级目录中。

关于路径的概念千万不能搞错，否则网页就会出错。

4.2.2　下载文件链接

浏览网站的目的往往是查找并下载资料，下载文件可利用下载文件链接来实现。建立下载文件链接的步骤如同创建文字链接，区别在于所链接的文件不是网页文件而是其他文件，如.exe、.zip、.rar 等文件。

我们先新建一个页面，并将其保存为 "index.html"。我们在页面中输入文字 "图片下载"，如图 4-12 所示，目标就是要访问者用鼠标单击 "图片下载" 时，跳转到下载素材的对话框。

设定方法就是在写好文字以后，用鼠标选中文字，然后在 "属性" 面板 "链接" 文本框中输入 "pic.rar"，如图 4-13 所示，这样下载链接就设定好了。

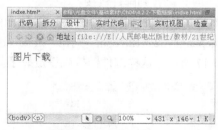
图 4-12　输入文字

图 4-13　创建下载链接

保存文档，按 F12 键预览效果，如图 4-14 所示，单击 "图片下载"，弹出窗口，在窗口中可以根据提示进行操作，如图 4-15 所示。

图 4-14　预览效果　　　　　　　　　　　　图 4-15　下载图片

此时相关部分的 HTML 代码如下，粗体显示的语句为超链接的 HTML 标签。

```html
<html>
  <head>
    <title>超链接</title>
  </head>
  <body>
    <a href="pic.rar">图片下载</a>
  </body>
</html>
```

4.2.3　电子邮件链接

网页只能作为单向传播的工具将网站的信息传给浏览者，但网站建立者需要接收使用者的反馈信息，一种有效的方式是让浏览者给网站发送 E-mail。在网页制作中使用电子邮件超链接就可以实现。

每当浏览者单击包含电子邮件超链接的网页对象时，就会打开邮件处理工具（如微软的 Outlook Express）并且自动将收信人地址设为网站建设者的邮箱地址，方便浏览者给网站发送反馈信息。

我们先新建一个页面，并将其保存为 "index.html"。我们在页面中输入文字 "意见反馈"，如图 4-16 所示，目标就是要访问者用鼠标单击 "意见反馈" 时，跳转到邮件链接。

设定方法就是在写好文字以后，用鼠标选中文字，然后在 "属性" 面板 "链接" 文本框中输入 "mailto：地址"。例如，网站管理者的 E-mail 地址是 xuepeng8962@126.com，则在 "链接" 选项的文本框中输入 "mailto: xuepeng8962@126.com"，如图 4-17 所示，这样邮件链接就设定好了。

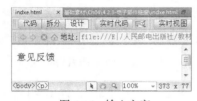

图 4-16　输入文字　　　　　　　　　　图 4-17　输入电子邮件链接地址

保存文档，按 F12 键预览效果，如图 4-18 所示，单击 "意见反馈"，效果如图 4-19 所示。

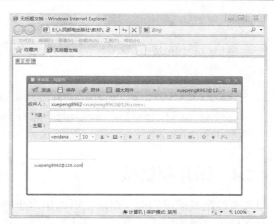

图 4-18　预览效果　　　　　　　　　　　图 4-19　电子邮件链接

除此之外，Dreamweaver CS5 还提供了一种快速、简单的电子邮件链接的方法。

继续使用上面的网页为例，首先说明一下这种方法在创建电子邮件链接时不必选择任何对象，只需要将光标放置在要添加电子邮件链接的位置。放置好光标之后选择"插入→电子邮件链接"命令，会弹出"电子邮件链接"对话框，如图 4-20 所示。

在"电子邮件链接"对话框"文本"文本框中输入要单击的文字"友情链接"，"电子邮件"文本框中可以直接输入邮件的地址"xuepeng8962@sina.cn"，如图 4-21 所示。

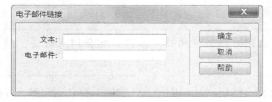

图 4-20　"电子邮件链接"对话框　　　　　图 4-21　设置电子邮件的参数

设置好之后，单击"确定"按钮，电子邮件链接创建完成，如图 4-22 所示。保存文档，按 F12 键预览效果，单击"友情链接"，效果如图 4-23 所示。

图 4-22　创建电子邮件链接　　　　　　　图 4-23　电子邮件链接预览效果

此时相关部分的 HTML 代码如下，粗体显示的语句为超链接的 HTML 标签。

```
<html>
  <head>
    <title>超链接</title>
  </head>
  <body>
    <a href="mailto: xuepeng8962@126.com">意见反馈</a>
    <p><a href="mailto:xuepeng8962@sina.cn">友情链接</a></p>
  </body>
</html>
```

4.2.4　图片超链接

与文字的超链接很相似，图片也可以作为超链接。

在文档窗口选中图片，打开"属性"面板，与建立文字超链接相同，可以建立图片超链接。

这样建立的图片超链接功能与文字超链接相同，当鼠标单击图片时，浏览器会加载新的页面，或者跳转到新的页面。在 HTML 中还可以实现功能更强大的超链接，称为"热点"。所谓热点就是在一幅图片中定义若干区域，这些区域被称为热点区域，不同的热点区域对应不同的超链接，即用鼠标单击画面的不同位置可以跳转到不同的页面。

下面就通过实际制作几个页面，来讲解热点工具的使用方法，以及图像的链接方法。假设我们要为"口腔护理"网页制作几个页面，教给用户如何使用矩形、圆形和多边形的热点。

（1）在学习热点工具之前，先来制作 3 个简单的页面，在这 3 个页面中分别输入 3 个名词解释，这里输入的是 3 个关键名词解释。具体操作如下。

本例要讲解的就是 3 个热点工具的使用方法，使用热点工具必然会用到链接，因此这里需要事先制作出链接的页面。

（2）首先在 Dreamweaver CS5 中创建一个新文档，然后在文档中输入"保健"的名词解释，并插入与热点工具相对应的图像，如图 4-24 所示。

（3）完成后将该文档保存到站点目录文件夹下，并为该文档命名，这里命名为"Bj.html"。

（4）接着再制作另外两个名词解释页面，在这两个页面中分别输入"孩子换牙需要注意什么"和"吸管喝饮料的好处"的名词解释，并插入与热点图标相应的图像。制作好之后将它们依次命名为"Hy.html"和"Xg.html"。

这里创建的 3 个名词解释页面是根据本例的实际需要而制作的，读者在实际操作时，可以根据不同需要将页面制作成所需要的样式。

（5）完成上述操作之后，关闭所有的文档，再单独创建一个新文档，准备制作本例的主要页面。这里就在页面中直接插入一张图片，如图 4-25 所示。

（6）完成图片的插入之后，保持图片的选中状态不变，打开"属性"面板。单击"属性"面板中的"椭圆热点"工具 ，如图 4-26 所示。

（7）选择了"椭圆热点工具"之后，将鼠标指针移动到被选中图片的"保健"图片的上方，然后通过拖曳鼠标，得到一个与"保健"大小差不多的椭圆热点区域，如图 4-27 所示。

图 4-24　制作需要链接的页面

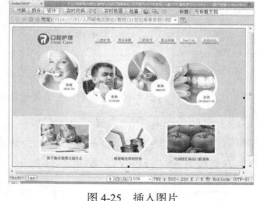

图 4-25　插入图片

图 4-26　启用"椭圆热点"工具

图 4-27　绘制椭圆热点区域

 这里热点区域的大小可以随意调整，主要是根据图像的实际需要来定。要编辑热点区域，可以选择属性面板中的"指针热点"工具 ，如图 4-28 所示。该工具可以对已经创建好的热点区域进行移动、调整大小，或者层之间的向上或向下移动等操作。还可以将含有热点的图像从一个文档复制到其他文档，或者复制某图像中的一个或多个热点，然后将其粘贴到其他图像上，这样就将与该图像关联的热点也复制到了新文档中。

（8）绘制出来的热点区域呈现出半透明状态，效果如图 4-29 所示。如果绘制出来的椭圆热点区域有误差，可以通过属性面板中的"指针热点"工具 进行重新编辑。

图 4-28　指针热点工具

图 4-29　完成椭圆热点区域的绘制

（9）完成上述操作之后，保持椭圆热点区域的选中状态，在"属性"面板中，单击"链接"选项右侧的"浏览文件"按钮 ，在弹出的"选择文件"对话框中，选择先前制作好的关于"保健"名词解释的页面地址"Bj.html"。

（10）选择好链接地址之后，在"属性"面板"目标"选项下拉列表中选择"_blank"选项，如图 4-30 所示。

（11）通过上述步骤的操作，椭圆热区的链接就制作完成了，接下来继续选中文档窗口中的图片。选择工具箱中的"矩形热点"工具 ，如图 4-31 所示。

图 4-30　设置热区的链接地址和弹出方式　　　　　图 4-31　选择"矩形热点"工具

（12）然后为图片中的"孩子换牙需要注意什么"的图片上绘制一个热点区域，如图 4-32 所示按照第（9）步和第（10）步中的方法，为热点区域选择一个先前制作好的链接页面，同样将它的弹出方式设置为"_blank"，如图 4-33 所示。

图 4-32　绘制矩形热点区域　　　　　　　　图 4-33　添加链接地址

在"目标"下拉列表中有四个选项，它们决定着链接的弹出方式，比如这里选择了"_blank"，那么在预览里，矩形热区的链接页面将在新的窗口中弹出。

（13）同理，使用"属性"面板中的"多边形热点"工具，在图片中"吸管喝饮料的好处"图片的上方绘制一个不规则热点区域，如图 4-34 所示。完成后同样要为该热点区域添加制作好的链接页面地址和弹出方式。

（14）完成后保存并预览页面，可以发现，凡是绘制了热点的区域，鼠标指针移到这里时就会变成手形，单击该区域，就会在新窗口中弹出相对应的链接页面，如图 4-35 所示。

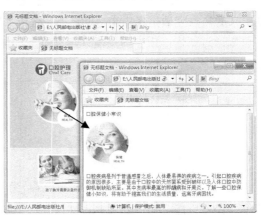

图 4-34　绘制多边形热点区域　　　　　　　　图 4-35　预览页面

4.2.5　命名锚点链接

锚点也叫书签，顾名思义，就是在网页中作标记。每当要在网页中查找特定主题的内容时，只需快速定位到相应的标记（锚点）处即可，这就是锚点链接。因此，建立锚点链接要分两步实现。首先，要在网页的不同主题内容处定义不同的锚点；然后在网页的开始处建立主题导航，并为不同主题导航建立定位到相应主题处的锚点链接。

若网页的内容很长，为了寻找一个主题，浏览者往往需要拖曳滚动条进行查看，非常不方便。Dreamweaver CS5 提供的锚点链接功能可快速定位到网页的不同位置。

下面我们通过一个案例掌握锚记链接的创建和使用，具体操作如下。

（1）首先在 Dreamweaver CS5 中创建一个新文档，并将文档保存在根目录下。下面我们在文档窗口中插入一张图片，单击"插入"面板"常用"选项卡中的"图像"按钮 ，在弹出的"选择图像源文件"对话框中，选择需要的图片，单击"确定"按钮，弹出"图像标签辅助功能属性"对话框，这里无需辅助直接单击"确定"按钮，完成图像的插入，如图 4-36 所示。

图 4-36　插入图片

（2）保持图像的选取状态，选择"格式→对齐→居中对齐"命令，使图片居中对齐，如图 4-37 所示。

（3）下面插入要作为按钮的图像，将光标置入到图片的右侧，用上述的方法插入需要的图片，如图 4-38 所示。

图 4-37　图片居中对齐显示

图 4-38　插入图片

（4）我们要制作的效果是单击"返回顶部"图片时，页面返回到最顶部，所以接下来要制作锚点的位置。将光标置入到图像的最左侧，按 Enter 键进行段落换行处理，将光标放置在第一段中，单击"插入"面板"常用"选项卡中的"命名锚记"按钮 ，弹出"锚记名称"对话框，在对话框"锚记名称"文本框中输入一个锚记的名称，这里输入"DB"，如图 4-39 所示。单击"确定"按钮，在光标所在位置插入一个锚点，如图 4-40 所示。

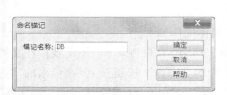

图 4-39　设置锚记的名称　　　　　　　　　　　　　图 4-40　插入锚记

（5）插入好锚点之后，选择要单击的图片，如图 4-41 所示。在"属性"面板"链接"文本框中输入"#+锚记名称"，这里要输入"#DB"，如图 4-42 所示。

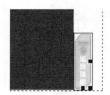

图 4-41　选择要创建超链接的图片　　　　　　　　　图 4-42　输入链接地址

（6）设置好链接路径之后，按 Ctrl+S 组合键保存文档，按 F12 键预览效果，将页面拖曳到最底部，如图 4-43 所示。单击"返回顶部"图片，页面会跳转到页面的顶部，如图 4-44 所示。

图 4-43　预览效果　　　　　　　　　　　　　　　　图 4-44　返回到顶部效果

4.3　实践与练习：为文字添加超链接

本例着重练习在 Dreamweaver CS5 中对文字创建链接，如在一段文本中对个别的词语创建链接，在浏览该页面时可以通过该链接去浏览与该词语相关的页面。本例最终效果如图 4-45 所示。

（1）首先启动 Dreamweaver CS5，新建一个空白页面。创建好新文档之后，选择"文件→保存"命令，在弹出的"另存为"对话框中选择页面的保存位置，在"文件名"文本框中输入页面的名称"index.html"，单击"保存"按钮，完成页面的保存。

图 4-45　文档链接效果

（2）保存好文档后，"index.html"文档就是当前编辑文档，文本光标在文档区域内闪烁。接着就可以直接在文档区域内输入相关的文字信息，并进行适当的排版，如图 4-46 所示。关于文本的排版，在前面的章节已经详细讲解了，这里就不再重复。

（3）在"计算机发展史"这篇文章中，为了在浏览时能选择性地去了解"对数"和"帕斯卡"两个概念。需要对"对数"和"帕斯卡"这两个词创建链接。

（4）现在来创建链接。在文字"对数"前单击鼠标左键，鼠标就在"对数"前闪烁。按住鼠标左键不松开，向右拖动鼠标，使"对数"两字被选中，如图 4-47 所示。

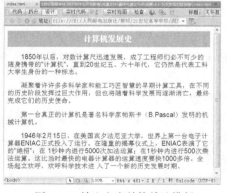

图 4-46　输入文字并简单地排版

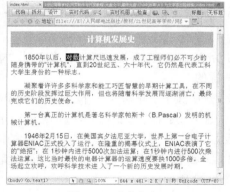

图 4-47　选中文字

（5）单击"属性"面板"链接"选项右侧的"浏览文件"按钮 ，会弹出"选择文件"对话框，如图 4-48 所示，在对话框中选择文本所要链接的路径。

（6）单击"Ds"文件名称选中文件，如图 4-49 所示，单击"确定"按钮，完成对"对数"的链接文件的选择。

链接指向的文件是提前制作并保存好的文件；如果链接指向的文件还不存在，则需要暂时停下现在的操作去创建，创建好后再回到上一步操作即第（4）步操作；本例"对数"和"帕斯卡"两个概念的解释文件已提前保存在文件夹里，分别是"Ds.htm"和"Psk.htm"。

（7）完成对"对数"文字的链接后，此时"属性"面板"链接"文本框中就显示出链接的路径和文件，将"目标"设置为"_blank"，如图 4-50 所示。

图 4-48　"选择文件"对话框　　　　　　　图 4-49　选择链接文件

图 4-50　"对数"链接属性

　　在属性面板中"链接"右侧的方框里只显示了文件名，没有路径，如图 4-50 所示。这是由于被链接的文件和该文件同属一个路径，所以只显示了文件名。注意这里的路径是相对路径。

（8）若发现"对数"链接路径或文件错了，重复上述操作的第（5）步～第（7）步，修改链接。

（9）完成了对"对数"的链接，现在对"帕斯卡"创建链接，其创建方法同创建"对数"的链接是一样的。

（10）选中文字"帕斯卡"。操作方法与选中"对数"是一样的。

（11）选中文字后，重复上述操作的第（5）步～第（7）步。完成对"帕斯卡"创建链接后，"属性"面板上"链接"后的方框内就显示出链接的路径，将"目标"设置为"_blank"，如图 4-51 所示。

（12）最后使用 Ctrl+S 组合键，保存最终完成的"计算机发展史"的文档。按 F12 键预览效果，如图 4-52 所示。

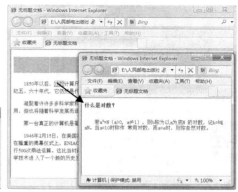

图 4-51　"帕斯卡"链接属性　　　　　　　图 4-52　文档链接效果

4.4　实践与练习：鼠标经过图像

在网页上我们经常遇到这样的图片，它本身是一个图片链接，即单击它可以链接到其他页面，但它特殊的地方在于鼠标进入图片区域以后，图像会发生改变。这就称为"鼠标经过图像"，又称为"翻转图"。通过它可以制作出交互的按钮效果，这是网页中很重要的元素，能使网页更具动感。

实际上，翻转图是由两幅图片组成的，通常状态下只显示一幅图片，而当鼠标移动进入图片范围时，就会显示另一幅图片，如果鼠标移出范围，又换回原来的图片。下面就来制作这种有趣的"翻转图"。本例最终效果如图 4-53 所示。

（1）首先在任意一款作图软件中制作两个同等大小的不同颜色的按钮，然后将它们分别命名后存储到同一个站点根文件夹下。这里将它们命名为"01"和"02"，如图 4-54 所示。

图 4-53　浏览效果　　　　　　　　　　　图 4-54　"01"和"02"

（2）绘制好按钮之后，在 Dreamweaver CS5 中创建一个新文档，并将其保存在根目录下。然后选择"插入→图像对象→鼠标经过图像"命令，此时会弹出"插入鼠标经过图像"对话框。

（3）在"插入鼠标经过图像"对话框"图像名称"文本框中，输入一个图像名称，或者保持默认状态也可以；单击"原始图像"选项右侧的"浏览"按钮[浏览...]，在弹出的"原始图像"对话框中选择"01"文件，作为初始按钮效果，单击"确定"按钮，返回到"插入鼠标经过图像"对话框中；再单击"鼠标经过图像"选项右侧的"浏览"按钮[浏览...]，在弹出的"鼠标经过图像"对话框中选择"02"文件，作为鼠标经过图像效果，单击"确定"按钮，返回到"插入鼠标经过图像"对话框中，如图 4-55 所示。

图 4-55　添加鼠标经过图像

（4）其余选项这里暂不需要，可以不用设置。完成后单击"确定"按钮，回到文档窗口中观察按钮，可以发现只能看到"原始图像"。

（5）要观察鼠标经过图像效果，按 Ctrl+S 组合键保存文档，按 F12 键预览效果，当鼠标指针经过初始按钮上方时，按钮即可更改颜色，如图 4-56 所示。当鼠标指针离开按钮时，按钮恢复初始颜色，如图 4-57 所示。

图 4-56　鼠标经过效果

图 4-57　鼠标离开时的效果

小　　结

在本章中，分别介绍了各种链接的建立方法。网络之所以不同于传统的平面媒体和纸质的书报杂志，最大的一个特点就是它的链接特性，因此恰当地运用好超链接，可以使网站更好地为访问者服务，从而吸引更多访问者的关注。需要特别提醒读者的是，深入地理解"路径"的概念是保证网页之间互相链接正确的前提。

练　　习

4-1　标签<a>可以在页面中插入一个超链接，使得访问者可以快速地转到另一个目标上。该标签的属性内容不包括（　　　）。

（A）链接指向的对象

（B）链接的目标窗口

（C）链接文字的颜色

（D）B 和 C

4-2　"热点"就像一幅地图一样，单击不同的区域，可以链接到不同的目标。在 Dreamweaver 中，下面对象中可以添加热点的是（　　　）。

（A）框架

（B）文字

（C）图像

（D）任何对象

4-3　新兴的网络媒体和传统媒体有很大的区别，"超链接"是一个非常重要的特性，请描述"超链接"的基本概念和作用。

4-4　制作三个网页。第一个是写有两个标题的主页面，其他两个是与标题相关的子页面。为主页面中的两个标题创建链接，分别指向与之相关的子页面，并要求从新窗口中打开。其参考效果如图 4-58 所示。素材为"Ch04→素材→习题 4-4→images"文件夹中的"text.txt"和"text1.txt"。

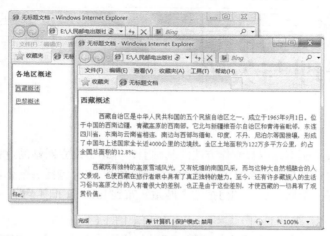

图 4-58　习题 4-4 图

第5章
网站管理与发布

本章在读者掌握了基本的网页制作方法的基础上，介绍了建立网站的过程、如何租用虚拟空间和如何向服务器上传页面等内容，重点介绍建立网站的方法。包括一个企业或者个人在自己的计算机上已经制作好一个网站后，如何把这个网站发布到 Internet 上等问题。

5.1   网站管理与维护的技巧

前面的章节主要介绍了网页的制作技术，而一个网站通常是由许多网页构成的，因此如何管理这些网页也是非常重要的。当一个网站的网页数量增加到一定程度以后，网站的管理与维护将变得非常烦琐。因此，掌握一些网站管理与维护技术是非常实用的，可以节省很多时间。

5.1.1   设置合适的网站文件结构

通常在开发网站的时候，并不是把所有的网站文件都保存在一个站点根目录下面，而是使用不同的文件夹来存放不同性质的文件。一个合理的网站文件结构对于开发者来说是非常重要的，它可以使站点的结构更清晰，避免发生错误。网站开发者可以通过合适的文件结构来对网站的文件进行方便的定位和管理。

如果建立起适合的网站文件存储结构，那么网站开发者就能够迅速定位自己需要的文件，或者将制作完成的文件存储到相应的目录中，进行网站开发工作。

下面介绍 3 种常用的网站文件组织结构方案及文件管理应遵循的原则。

1．方案一

最简单的存储方案是按照文件类型进行分类管理，将不同类型的文件存放在不同的文件夹中。这种存储方法适用于中小型的网站。图 5-1 所示的是这种类型的存储结构。

对于大型网站来说，这种分类存放文件的方式并不适用，因为很可能同样类型的文件数量相当多，仅仅根据文件类型对文件进行分类存储是不够的。这就需要对文件进行进一步的管理。

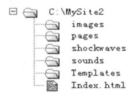

图 5-1   按照文件的类型对网站的文件进行管理

2．方案二

按照主题对文件进行分类管理。这种方案的文件存储结构如图 5-2 所示。在这种存储方案中，网站的页面按照不同的主题（Subject）进行分类存储。关于某个主题的所有文件被存放在一个文件夹中，然后再进一步细分文件的类型。这种存储方案适用于那些页面与文件数量众多、信息量大的静态网站。

3. 方案三

对文件的类型进行进一步细分存储管理。这种存储方案实际上是第一种存储方案的深化，将页面进一步细分后进行分类存储管理，具体的存储方案如图 5-3 所示。这种存储方案适用于那些文件类型复杂的多媒体动态网站。

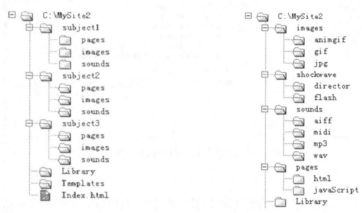

图 5-2　按照主题对文件进行分类管理　　　　图 5-3　对文件的类型进行进一步细分

4. 文件管理遵循的原则

上面介绍了 3 种常用的文件组织结构。总而言之，网站的文件存储结构不是固定的，网站开发者要根据实际需要建立适合自己网站的存储结构，但是要遵守以下几条原则。

（1）在进行网站开发之前，开发者就应该通过 Dreamweaver CS5 的站点管理器建立起站点并且建立合适的存储目录，这将给以后的开发工作带来很多方便。

（2）网站的首页文件通常是"index.html"，它必须存放在网站的根目录中。

（3）网站使用的所有文件都必须存放在站点的文件夹或者子文件夹中。用 URL 方式进行链接的内容或者页面可以不存放在站点文件夹中。

（4）所有的文件夹必须遵循同一个命名方案，而且不能够包含非法的字符（如空格和 "+"、"/"等）。和文件名一样，同样路径下的文件夹不能重名。

（5）尽量不要通过操作系统进行网站文件的删除、重命名或者移动等操作，这样可能会使已经设计好的网页出现链接错误。所有的这些操作都应该通过站点管理器来完成。

5.1.2　管理站点内的链接

在 Web 页面中，链接是必不可少的。一个复杂的网站中存在着数以百计的链接，在链接的更改和维护过程中难免会发生错误，而这种错误是最让人头疼的，因为在繁复的 HTML 代码中找出错误的链接实在是太麻烦了。为了解决这一问题，Dreamweaver CS5 提供了一个检查链接的工具——链接检查器。有了它，就可以对网站中繁多的链接实施有效的管理。

1. 在"首选参数"对话框中设置链接的更新方式

在菜单栏中选择"编辑→首选参数"命令，在左边的"分类"选项列表中选择"常规"选项，如图 5-4 所示。

在"移动文件时更新链接"选项的下拉列表中选择"提示"选项，将链接的更新方式设置为提示更新。

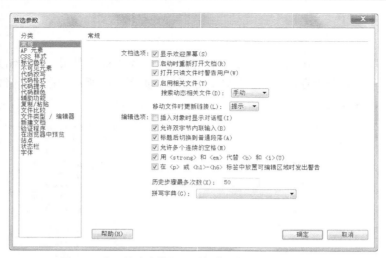

图 5-4　在"首选参数"对话框中设置链接的更新方式

2．更新链接

对于打开的文档，如果将它另存到其他位置，将会出现如图 5-5 所示的对话框，提示是否更新页面内的链接。单击"是"按钮，将会更新页面内的链接；单击"否"按钮，就不更新页面内的链接。

3．查找和修复断开的链接

打开站点的"文档"窗口，在菜单栏中选择"站点→检查站点范围的链接"命令，Dreamweaver CS5 会自动查找断开的链接，并将它们显示在如图 5-6 所示的对话框中。

图 5-5　更新页面内的链接

图 5-6　查找断开的链接

双击某个要修复的链接，打开该链接存在的页面，"属性"面板中将会显示带有该链接的文本或图像。在"属性"面板的"链接"下拉列表框中重新定位链接即可。

5.1.3　巧用查找和替换管理站点

和其他大多数软件一样，Dreamweaver CS5 也提供了文本的查找和替换功能，所不同的是它的查找和替换功能非常强大。灵活地运用 Dreamweaver CS5 的查找和替换功能，可以有效地管理站点和页面，大大提高编辑页面和管理站点的效率。下面将通过两个实例介绍如何灵活运用查找和替换功能。

1．更新链接中的 URL

读者制作的网站和页面中不可避免地含有到外部的链接。有时由于其他站点的 URL 发生变化或其他需要，不得不将站点中含有的链接进行更新，例如将 "http://www.ibm.com" 更新为 "http://support.ibm.com"。这是一项非常麻烦的工作，而且很容易发生遗漏。使用查找和替换命令可以使这项工作变得简单。

更新链接中的 URL 的操作步骤如下。

（1）选择"编辑→查找和替换"命令，打开"查找和替换"对话框。

（2）在对话框的"查找范围"选项的下拉列表中选择"整个当前本地站点"选项，在"搜索"选项的下拉列表中选择"指定标签"选项，在其后的下拉列表中选择"a"选项。

（3）在第 3 行的 3 个下拉列表中依次选择"含有属性""href"和"="选项，在最后一个下拉列表中输入要替换的链接，例如"http://www.ibm.com.*"。其中的".*"代表了以"www.ibm.com"开头的所有 URL。

（4）在"动作"下拉列表框中选择"设置属性"和"href"选项，在随后的下拉列表框中输入正确的 URL，对应上文，为"http://support.ibm.com$1"。其中的"$1"是与上面的".*"相对应的。

（5）在"选项"选项组中选中"使用正则表达式"复选框。

在完成以上 5 个步骤后，"查找和替换"对话框如图 5-7 所示。

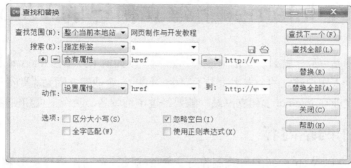

图 5-7　"查找和替换"对话框

（6）单击"替换全部"按钮完成更新操作。

2．查找含有特定文本的标签

有时候需要查找一些含有特殊文本的标签，对其进行操作。例如，在如图 5-8 所示的表格中，想要将显示学生姓名的一栏用不同颜色表示出来，就可以查找含有"Name:"文本的"<tr>"表格单元格标签。

查找含有特定文本的标签的操作步骤如下。

（1）选择"编辑→查找和替换"命令，打开"查找和替换"对话框。

Name: Michael Smith	
Biology	B
History	B
English	C
Physics	A
Algebra	A
Name: Fredrick Newman	
Chemistry	A
Calculus	A
Physical Education	C
History	A
English	B

图 5-8　要处理的表格

（2）在对话框的"查找范围"选项的下拉列表框中选择"当前文档"选项，在"搜索"选项的下拉列表中选择"指定标签"选项，在其后的下拉列表框中选择"tr"选项。

（3）在第 3 行的下拉列表框中依次选择"包含"和"文本"选项，在随后出现的下拉列表框中输入要查找的文本"Name:"。

（4）在"动作"区域的下拉列表框中选择"设置属性"和"bgcolor"选项，在随后的下拉列表框中输入颜色代码，例如"#CCCCFF（蓝色）"。

（5）在"选项"选项组中选中"使用正则表达式"复选框。此时的"查找和替换"对话框如图 5-9 所示。

（6）单击"替换全部"按钮完成更新操作。修改后的表格如图 5-10 所示。

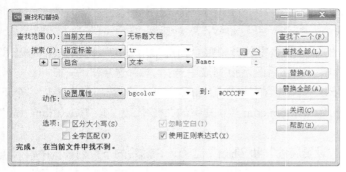

图 5-9　查找含有特定文本的标签并进行处理　　　　图 5-10　修改后的表格

5.2　在 Internet 上建立自己的 Web 站点

制作完成一个网站以后，就必须要把它连入 Internet，下面就来介绍在 Internet 上建立站点的方法。企业建立的网站与个人用户建立的个人主页是不完全一样的。企业建立网站需要经过一定的审批程序，花费一定的费用。企业在 Internet 上建立网站一般要经过申请域名、制作主页和信息发布 3 个过程。

5.2.1　制作网站内容

将要发布的信息以 Web 页面的形式制作好。主页的设计及制作将直接影响到访问者浏览的兴趣。这是前面重点讲述的内容，在这里就不再赘述了。

5.2.2　申请域名

企业要在 Internet 上建立站点，必须首先向中国互联网络信息中心（CNNIC）或是 Internic Registration Services 申请注册自己的域名，形式如 company.com.cn（国内域名）或 company.com（国际域名）。目前国内有多家 ISP（Internet Service Provider，Internet 服务提供商）为 CNNIC 代理这项业务，他们可以帮用户完成这项工作。

5.2.3　信息发布

将制作完成的信息发布到 Internet 上。企业可以自己建立机房，配备专业人员、服务器、路由器和网络管理软件等，再向电信部门申请专线和出口等，由此建立一个完全属于自己的、由自己管理的独立网站。这样需要比较多的投资，日常运营的费用也很高。因此，目前比较流行的做法有以下 3 种，特别是虚拟主机方案非常流行。

1．虚拟主机方案

租用 ISP 的 Web 服务器磁盘空间。将自己的主页放在 ISP 的 Web 服务器上，对于一般企业这将是最经济的方案。虚拟主机与真实主机在运作上毫无区别，对访问者来说，虚拟主机与真实主机同样毫无区别。对企业来说，虚拟主机也完全可以实现前面所说的功能，而且企业的投入只是一次传统媒体的广告费用。

2. 服务器托管方案

对于因有较大的信息量和数据库而需要很大的空间时，或建立一个很大的站点时，可以采用此方案。就是将用户放有自己制作的主页的服务器放在 ISP 网络中心机房中，借用 ISP 的网络通信系统接入 Internet。

3. DDN 专线接入方案

用户可以将服务器设置在本地机房，然后通过 DDN 专线与 ISP 的网络中心的路由器端口连接，成为一台 Internet 主机。

5.3　租用虚拟主机空间

现在最常用的建立网站的方式是租用虚拟主机。租用虚拟主机，首先要注册一个域名，然后租用一个虚拟空间，把做好的网站上传到服务器上。

5.3.1　了解基本的技术名词

首先来了解一些基本的技术名词。为了便于理解，可以把一个企业的网站想象成一个工艺品展览柜。首先会有一个展览厅，里面有很多工作人员，还有很多展览柜。这个展览柜里面有很多展品。在展览柜的正面有一块牌子，上面写着展品的名字，例如"北京市大路小学作品"。游客们可以透过玻璃看到展品，但是不能触摸作品——这是为了保护作品。而管理员可以用钥匙打开一个小门，更换和调整作品的内容和位置。在一个展览厅中会有很多个展览柜，所以有必要给它们都编上号码，例如东边第 1 行的第 3 个，就是"E1-3"。于是，每个展览柜和它相关的展品、钥匙、写着名称的牌子和编号，就构成了一个展出单位。

那么，现在对比一下网站和展览柜，来理解各种看起来很高深的技术名词。

（1）首先需要找到一个展览厅来存放展览柜。这个展览厅就是"服务提供商"。给他们支付租金，而他们会进行相应的服务。

（2）然后选择展览柜。这个展览柜就是"虚拟主机"。展览柜是由服务商提供并且保管的。可以根据自己的需要选择不同大小和功能的展览柜。不同级别的展览柜，租金也会不同。

（3）接下来就要将展品放到展览柜里面——也就是将制作好的网站内容上传到虚拟主机上。

（4）游客可以透过展览柜的玻璃看到展品的内容，这些玻璃就是"HTTP"。

（5）管理人员的钥匙，就是用户名和密码。必须将两者正确结合起来，才可以打开小门。这个小门就是"FTP"。通过 FTP，不但可以看到内容，还可以修改内容。

（6）展览柜的位置编号是固定的，而且不同的展览柜有不同的位置编号。这个位置就叫做"地址"。在 Internet 上，用于定位的地址是根据 IP——也就是"Internet Protocol"（因特网协议）来编排的，所以叫"IP 地址"。例如"61.135.130.100"，就是一个 IP 地址。

（7）IP 地址都是一串数字，记忆起来很不方便。所以需要在展览柜上挂一块牌子，上面写着展览柜的名字，例如"sina.com.cn"和"qq.com"等，这就是网站的"域名"。

5.3.2　选择和租用虚拟主机

现在的服务商很多。例如，"你好万维网"就是一家提供域名注册和租用空间的提供商的网站。访问网站"www.nihao.net"，打开如图 5-11 所示的首页。首页上提供了很多网站类型，有不同的网站空间大小和邮箱数量等。用户可以根据自己的需要选择各种不同的类型进行购买。

图 5-11　访问网站

在这个网站上，可以申请域名，还可以购买一个网上的存储空间，通常按年收费。例如希望的空间不太大，需要一个国际域名，还希望可以自己管理邮箱——在页面左边的栏目中，可以看到"A 套餐"符合要求，只要单击"申请"按钮，就可以开始申请了。

这时将打开如图 5-12 所示的页面。在其中填写要申请的域名，单击"查询"按钮，查询填写的域名是否被注册，如果填写的域名可用，会弹出如图 5-13 所示的对话框，单击"确认选择"按钮，按照提示一步步地操作，然后单击"提交"按钮。客服人员在接到订单之后，很快会与用户联系。

图 5-12　输入域名

图 5-13　检查结果

交费的时候，要确认以下两点。

（1）网站的注册信息，例如姓名、单位、域名和联系方式，是否正确。

（2）网站的服务内容是否与合同所写的一致。

然后就可以开始工作了。服务提供商会以电子邮件的方式，发来一些用于登录的内容，包括用户名、FTP 服务器地址、FTP 密码、网站管理服务器地址和网站管理密码。它们的作用如下：

（1）使用用户名、FTP 服务器地址和 FTP 密码，可以上传文件。

（2）使用用户名、网站管理服务器地址和网站管理密码，可以进行后台管理。

5.4　向服务器上传网站内容

虚拟主机提供商告知上传"地址"、"用户名"和"密码"后，就可以上传文件了。使用 Dreamweaver、IE 浏览器或者专业的 FTP 工具，都可以实现文件的上传。

5.4.1　使用 Dreamweaver 上传文件

首先打开"文件"面板，在面板上方的站点下拉列表框中，选择最下面的"管理站点"选项。

Dreamweaver 提供对多个网站的管理，在站点下拉列表框中可以切换网站。

选择"站点→管理站点"命令，打开"管理站点"对话框，如图 5-14 所示。在这个对话框中双击所要上传的站点名，打开站点设置对话框，在对话框左边的"分类"选项列表中选择"服务器"选项，在右侧的选项中单击"添加新服务器"按钮 ，弹出如图 5-15 所示对话框。

图 5-14　"管理站点"对话框

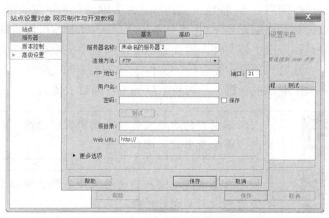

图 5-15　选择服务器访问方式

在"服务器名称"文本框中输入服务器的名称，在"链接方法"选项的下拉列表中选择"FTP"选项，现在就可以设置 FTP 服务器的各项参数了，如图 5-16 所示。

（1）"FTP 地址"：设定 FTP 主机地址，也就是虚拟主机提供商告知的"地址"。

（2）"用户名"：设定用户登录名，也就是上面提到的"用户名"。

（3）"密码"：设定登录密码，也就是上面提到的"密码"。

（4）"保存"：是否保存设置。

（5）"测试"：测试 FTP 地址、用户名和密码。

（6）"根路径"：输入远程服务器上用于存储公开显示的文档的目录。

（7）"Web URL"：填写申请的域名。

设置好之后单击"保存"按钮，保存所设置的选项。

图 5-16　设置 FTP 服务器参数

　　　　FTP 是 TCP/IP 协议组中的协议之一，是英文 File Transfer Protocol（文件传输协议）的缩写。该协议是 Internet 文件传送的基础，目标是提高文件的共享性，使存储介质对用户透明和可靠、高效地传送数据。

　　这些参数都可以从虚拟主机提供商的告知电子邮件中找到，全面、正确地输入这些参数后单击"保存"按钮，返回站点管理窗口。

　　这时单击"文件"面板中的 （联机到远方主机）按钮，将会开始登录 FTP 服务器。经过一段时间后， 按钮上的指示灯变为绿色，表示登录成功了，并且按钮变为 （如果单击这个按钮就可以断开与 FTP 服务器的连接），此时就可以看到远程站点文件列表中已经有文件了。如果是第一次上传文件，那么远程文件列表中是没有文件的。

　　这时只需选中要上传的文件。用户可以同时选中多个文件，然后单击上传按钮 ，这时会打开一个对话框，询问是否将依赖的文件同时上传。

　　　　所谓网页的依赖文件就是该网页中的图片和链接的外部样式表等文件。这些文件的丢失，会改变当前页面的外观。

　　　　网页通过超级链接指向的文件不属于依赖文件。因为不管指向的文件是否丢失，都不会影响当前页面的外观。

　　如果没有看到询问框，则 Dreamweaver CS5 会自动将依赖文件同时上传。如果不希望自动上传依赖文件，可以选择菜单栏中的"编辑→首选参数"命令，打开如图 5-17 所示的对话框。在左侧的"分类"列表框中选择"站点"选项，然后在右边选中"下载/取出时要提示"和"上载/存回时要提示"复选框，这时在上传或下载文件前也会打开对话框，让用户选择文件。

　　在上传完所有文件后，单击 按钮，断开与服务器的联系，这时就可以通过浏览器访问用户的站点了。

　　　　如果在上传过程中，遇到任何问题，都可以向购买空间的虚拟主机提供商打电话询问，他们会非常详细地向用户解答各种问题。

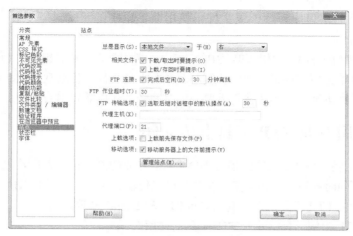

图 5-17　"首选参数"对话框

5.4.2　使用 IE 浏览器上传文件

除了可以使用 Dreamweaver CS5 上传文件之外，还可以使用 IE 浏览器来上传文件。假如从主机服务提供商获取的 FTP 地址是"10.206.0.6"，那么只要打开 IE 浏览器，在地址栏中填写"FTP://10.206.0.6"，单击地址栏后面的"转到"按钮，即可登录 FTP。如图 5-18 所示，服务器将会询问用户名和密码。这时就要填写从服务商获取的用户名和密码了。

图 5-18　通过 IE 登录 FTP

一定要在地址的前面加上"FTP"，这样才可以通过 FTP 登录。如果不写"FTP"，那么浏览器将会使用默认的 HTTP 来登录，这样就不能上传文件了。

登录成功之后，即可进入服务器，这时的界面如图 5-19 所示，它的编辑操作和 Windows 的文件管理器很相似。在"文件"菜单中可以创建新的文件夹；在"编辑"菜单中可以复制和粘贴文件。例如要将本地上的一个 HTML 文件复制到服务器上，可以按照下面的步骤操作。

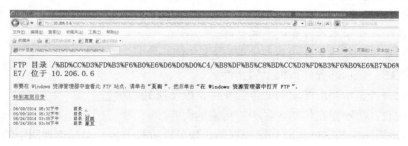

图 5-19　登录成功

（1）先在本地的窗口中，选中该文件，使用菜单栏中的"编辑→复制"命令或者组合键 Ctrl + C 进行复制。

（2）切换到 FTP 的界面，使用菜单栏中的"编辑→粘贴"命令或者组合键 Ctrl + V 进行粘贴。

这样就可以开始上传文件了。同样，复制服务器上的文件，粘贴到本地，就可以实现下载。当然，由于服务器和本地之间的传输是需要一定时间的，所以需要耐心等待。

5.4.3 使用专业 FTP 工具上传文件

用 IE 浏览器上传文件虽然方便，但是不够专业。专业的网站技术人员希望能够更好地控制传输的过程，例如要随时知道正在传输哪个文件，已经传输了多少。这时可以使用专业的 FTP 工具来进行传输。专业的 FTP 工具很多，例如 CuteFTP 和 LeapFTP 等。

下面以 CuteFTP 为例，介绍专业 FTP 工具的使用。

（1）安装并运行 CuteFTP 之后，可以在程序窗口的左上方看到站点管理器窗格。右键单击该窗格，如图 5-20 所示，在弹出的快捷菜单中选择"新建→FTP 站点"命令，创建一个新的站点。

（2）填写新站点的内容。"标签"可以根据自己的需要来填写，而主机地址、用户名和密码都可以从服务提供商那里获取。设置完毕，单击"确定"按钮，即可在 CuteFTP 中创建一个新的链接标签，如图 5-21 所示。

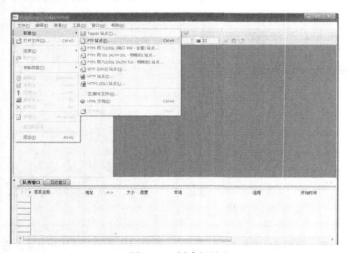

图 5-20　创建新站点

图 5-21　设置新站点内容

（3）在站点管理器中，双击"我的网站"链接标签，即可登录 FTP 服务器。连接成功之后，程序的界面变成了如图 5-22 所示的外观。

① 本地视图：显示本地计算机上的文件。

② 切换标签：在本地文件和站点管理器之间切换。

③ 远程视图：显示远程计算机上的文件。

④ 事件列表：显示当前传输的命令和文件，以及所处的状态。

⑤ 传输列表：显示正在传输或者等待传输的内容。

（4）将本地视图中的文件拖放到远程视图，就可以进行上传；将远程视图中的文件拖放到本地视图，就可以进行下载。

将网站的内容上传到虚拟主机以后，就可以开始通过域名来访问网站了。

图 5-22　已经连接成功

小　　结

本章介绍了把制作好的网站发布到 Internet 上的相关方法，特别是关于申请域名和租用空间的方法，各个提供相关服务的提供商的操作方法可能会有所不同，如果想知道具体的方法可以给他们打电话咨询，他们的专业销售人员会非常欢迎用户的咨询，也会很耐心地介绍具体的操作方法。

练　　习

5-1　在建立本地站点的时候，可以在"站点定义为"对话框中设置站点的相关参数。其中不能设置的选项是（　　　　）。

（A）链接相对于

（B）网站大小

（C）默认图像文件夹

（D）本地根文件夹

5-2　请简单描述在建立网站时，建立起适合的网站文件存储结构对于网站维护和管理的意义，以及通常如何确定网站文件存储结构。

5-3　请描述在本地计算机制作好一个网站以后，向服务器发布网站的方法。

第 6 章 表　　格

使用表格可以清晰地显示列成表的数据，例如图 6-1 所示的是股票行情的数据列表。实际上表格的作用不只是显示数据，它还在网页定位上起着重要的作用。

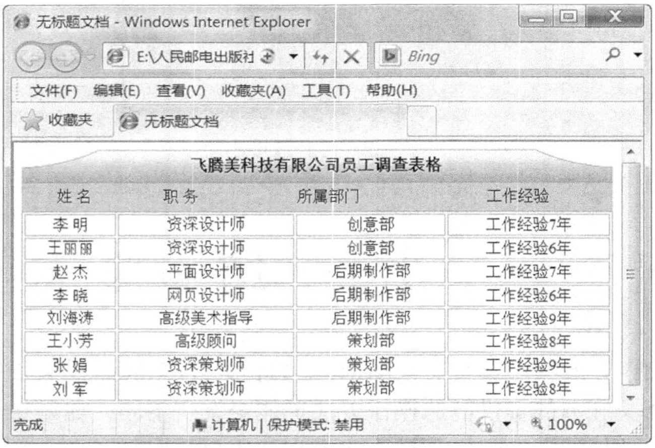
无标题文档 - Windows Internet Explorer
E:\人民邮电出版社
Bing
文件(F) 编辑(E) 查看(V) 收藏夹(A) 工具(T) 帮助(H)
收藏夹
无标题文档
飞腾美科技有限公司员工调查表格
姓 名 职 务 所属部门 工作经验
李 明 资深设计师 创意部 工作经验7年
王丽丽 资深设计师 创意部 工作经验6年
赵 杰 平面设计师 后期制作部 工作经验7年
李 晓 网页设计师 后期制作部 工作经验6年
刘海涛 高级美术指导 后期制作部 工作经验9年
王小芳 高级顾问 策划部 工作经验8年
张 娟 资深策划师 策划部 工作经验9年
刘 军 资深策划师 策划部 工作经验8年
完成
计算机 | 保护模式: 禁用
100%

图 6-1　使用表格显示数据

在本章中，先介绍表格在显示数据时的使用方法，然后再介绍如何借助于表格来进行页面布局。

6.1　使用 HTML 建立表格

表格的建立将利用 3 个最基本的 HTML 标签来完成，它们分别是“<table>”标签、“<tr>”标签和“<td>”标签。建立一个最基本的表格，必须包含一组“<table>”和“</table>”标签、一组“<tr>”和“</tr>”标签以及一组“<td>”和“</td>”标签，这也是最简单的单元格表格。

“<table>”和“</table>”标签的作用是定义一个表格，“<tr>”和“</tr>”标签的作用是定义一行，而“<td>”和“</td>”标签的作用是定义一个单元格。

6.1.1　一个最简单的表格

观察例 6-1 所示的代码。

【例 6-1】 最简单的表格示例

```
<html>
```

```
<head>
    <title>单元格</title>
</head>
<body>
    <center>
        <table border=1>
            <tr>
                <td>单元格 1</td>
                <td>单元格 2</td>
            </tr>
            <tr>
                <td>单元格 3</td>
                <td>单元格 4</td>
            </tr>
            <tr>
                <td>单元格 5</td>
                <td>单元格 6</td>
            </tr>
        </table>
    </center>
</body>
</html>
```

图 6-2　表格

在浏览器中打开这个网页，其效果如图 6-2 所示。

注意代码中以粗体显示的语句。这就是一个最基本的表格，它只有 3 行 2 列，下面就详细讲解一下这三个标签。

● "<table>"标签：它用于标识一个表格。就如同 "<body>"标签一样，告诉浏览器这是一个表格。

● "<tr>"标签：它用于标识表格的一行，也就是建立一行表格。代码中有多少对 "<tr>" 和 "</tr>"标签，就表示有多少行的表格。

● "<td>"标签：它用于标识表格的一列，也就是建立一个单元格。它必须放在 "<tr>"标签里使用，一个 "<tr>"标签内有多少个 "<td>"，就表示这行里有多少列或是说有多少个单元格。

6.1.2　各种表格样式

在上一节中介绍了表格的建立方法，但这样的表格样式比较单一，在实际应用中还可以利用相关的 HTML 标签来设置表格的各种样式。下面就一一进行介绍。

1．表格边框的设置

现在来了解一下 "<table>"标签中各属性的用法，首先是设置表格边框的样式，如例 6-2 所示。

【例 6-2】 表格边框设置示例

```
<html>
    <head>
        <title>表格的边框属性</title>
    </head>
    <body>
        <center>
            <table border=10 cellspacing=20 cellpadding=30>
                <tr>
```

```
        <td>单元格 1</td>
        <td>单元格 2</td>
      </tr>
    </table>
  </center>
  </body>
</html>
```

在浏览器中打开这个网页，其效果如图 6-3 所示。

注意代码中以粗体显示的语句。控制表格的边框共有三个属性，分别是"border""cellspacing"和"cellpadding"属性，它们的用途如表 6-1 所示。

图 6-3　表格的边框属性

表 6-1　控制表格边框的属性及其功能

属 性 名	设 置 值	功　　能
Border	数字（以像素为单位）	设置表格的外边框粗细
Cellspacing	数字（以像素为单位）	设置表格的内边框粗细
Cellpadding	数字（以像素为单位）	设置文字到单元格内边框的距离

2. 表格高宽的控制

表格的高度和宽度是通过"height"和"width"两个属性来控制的，如例 6-3 所示。

【例 6-3】　高度和宽度设置示例

```
<html>
  <head>
    <title>表格的长宽</title>
  </head>
  <body>
    <center>
      <table border=1 width=200 height=100>
        <tr>
          <td>项目</td>
          <td>项目负责人</td>
        </tr>
        <tr>
          <td>AI</td>
          <td>张三四</td>
        </tr>
      </table>
    </center>
  </body>
</html>
```

在浏览器中打开这个网页，其效果如图 6-4 所示。

图 6-4　表格的长宽

注意代码中以粗体显示的语句。两者的语法结构为<table width=n 或 m%>、<table height=n 或 m%>，n 代表一个数值，单位为像素（px），m 代表 0 ~ 100 的数，即 0 ~ 100%，表格将相对于当前窗口大小的百分比来显示。注意，这里的高宽设置是整个表格的高宽设置。

3. 表格相关颜色的设置

下面介绍表格边框和背景颜色的设置，如例 6-4 所示。

【例 6-4】　表格边框和背景颜色设置示例

```
<html>
  <head>
    <title>表格的颜色设置</title>
  </head>
  <body>
    <center>
      <table border=3 bordercolor=blue bgcolor=yellow>
        <tr>
          <td>项目</td>
          <td>项目负责人</td>
        </tr>
        <tr>
          <td>AI</td>
          <td>张三四</td>
        </tr>
        <tr>
          <td>PS</td>
          <td>李五六</td>
        </tr>
      </table>
    </center>
  </body>
</html>
```

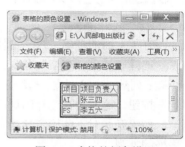

图 6-5　表格的颜色设置

在浏览器中打开这个网页，其效果如图 6-5 所示。

注意代码中以粗体显示的语句。表格的边框颜色是通过"bordercolor"属性来设置的，<table bordercolor=颜色值>，表格的边框颜色包括了表格的外框颜色和单元格的外框颜色。表格的背景颜色是通过"bgcolor"属性来设置的，<table bgcolor=颜色值>。

4. 表格相关背景图像的设置

下面介绍表格背景图像的设置，如例 6-5 所示。

【例 6-5】 表格背景图像设置示例

```
<html>
  <head>
    <title>表格的背景图像设置</title>
  </head>
  <body>
    <center>
      <table border=1 bordercolor=blue background=images/01.png>
        <tr>
          <td>项目</td>
          <td>项目负责人</td>
        </tr>
        <tr>
          <td>Illustrator</td>
          <td>张三四</td>
        </tr>
        <tr>
          <td>Photoshop</td>
          <td>李五六</td>
        </tr>
        <tr>
```

```
        <td>InDesign </td>
        <td>王七八</td>
      </tr>
    </table>
  </center>
</body>
</html>
```

图 6-6　表格的背景图像设置

在浏览器中打开这个网页，其效果如图 6-6 所示。

注意代码中以粗体显示的语句。表格的背景图像是通过"background"属性来设置的，<table background=图像的地址>。

6.2　在 Dreamweaver CS5 中创建和操纵表格

有了上面的基础，再学习使用 Dreamweaver CS5 制作表格就很容易了。

选择"插入→表格"命令，或按 Ctrl+Alt+T 组合键，在弹出的"表格"对话框中指定表格的行数、列数、表格宽度、边线粗细、单元格边距和单元格间距等，设置好表格参数之后，单击"确定"按钮，这时会在光标闪烁的位置出现一个空白表格。

如果开始时不能确定这些参数，那么也可以使用默认值，后面还可以用"属性"面板来修改表格的外观。

Dreamweaver CS5 对表格的控制非常灵活。在"属性"面板可以分别控制整个表格、表格的一行、表格的一列或一个单元格。"属性"面板的控制对象由选中的对象决定。当把鼠标指针移到表格的四周时，鼠标指针的形状变为◂┼▸时，单击鼠标左键，表格四周出现一个框，表示选中整个表格，这时属性面板如图 6-7 所示。

图 6-7　控制整个表格的属性

这时控制面板各项参数的作用如下。

（1）表格 ID：用于标志表格。

（2）行和列：设定表格的行数和列数。

（3）宽：设定表格宽度。可以用浏览器窗口百分比或绝对像素数来定义。例如设定宽度为 60%，即表格的宽度为浏览器窗口宽度的 60%，如果访问者使用 640 像素宽的浏览器窗口，则表格宽度为 384 像素。当浏览器窗口大小变化时，表格的宽度也随之变化。如果设置表格宽度为 400 像素，那么无论浏览器窗口的大小如何变化，表格的宽度都不会变。

（4）填充：也称单元格边距，是单元格内容和单元格边框之间的像素数。对于大多数浏览器来说，此选项的值为 1。如果用表格进行页面布局时将此参数设为 0，浏览网页时单元格边框与内容之间没有间距。

（5）间距：也称单元格间距，是相邻的单元格之间的像素数。对于大多数浏览器来说，此选项的值为 2。如果用表格进行页面布局时将此参数设为 0，浏览网页时单元格之间没有间距。

（6）对齐：表格在页面中相对于同一段落其他元素的显示位置。

（7）边框：以像素为单位设置表格边框的宽度。

（8） 和 ：从表格中删除所有明确指定的列宽或行高的数值。

（9） ：将表格每列宽度的单位转换成像素，还可以将表格宽度的单位转换成像素。

（10） ：将表格每列宽度的单位转换为百分比，还可以将表格宽度的单位转换成百分比。

（11）背景颜色：设置表格的背景颜色。

选取整个表格最方便的方法是把鼠标指针移到表格右边界的外侧，单击鼠标并向左拖曳，可以快速地选中整个表格。当把鼠标指针移到上边框附近，鼠标指针的形状变为向下的箭头时，单击鼠标，可以选中表格的一列，这时属性面板如图 6-8 所示。当把鼠标指针移到左边框附近，鼠标指针的形状变为向右的箭头时，单击鼠标左键，可以选中表格的一行，这时的属性面板与列属性面板基本相同。

图 6-8　控制表格一列的属性

这时控制面板各项参数的作用如下。

（1） ：将选定的多个单元格、选定的行或列的单元格合并成一个单元格。

（2） ：将选定的一个单元格拆分成多个单元格。一次只能对一个单元格进行拆分，若选择多个单元格，此按钮禁用。

（3）水平：设置行或列中内容的水平对齐方式。包括默认、左对齐、居中对齐、右对齐 4 个选项。一般标题行的所有单元格设置为居中对齐方式。

（4）垂直：设置行或列中内容的垂直对齐方式。包括默认、顶端、居中、底部、基线 5 个选项，一般采用居中对齐方式。

（5）宽和高：以像素为单位或以浏览器窗口宽度的百分比来设置单元格的宽度或高度。

（6）不换行：设置单元格文本是否换行。如果勾选"不换行"复选框，当输入的数据超出单元格的宽度时，会自动增加单元格的宽度来容纳数据。

（7）标题：设置是否将行或列的每个单元格的格式设置为表格标题单元格的格式。

（8）背景颜色：设置单元格的背景颜色。

6.3　实践与练习：表格制作与使用

6.3.1　练习 1：制作"成绩单"表格

本例着重练习在 Dreamweaver CS5 中创建一个基本表格，以及在创建表格时对行数、列数以及宽度等表格属性进行设置和向表格里添加文本内容。本例最终效果如图 6-9 所示。

（1）首先运行程序 Dreamweaver CS5，选择"文件→新建"命令，创建新文档并将其保存在根目录文件夹下。

（2）创建好新文档之后，在文档窗口内输入表格的标题，这里输入"成绩单"，选中文字，选择"格式→对齐→居中对齐"命令，将文字居中对齐。保持文字的选取状态，单击"属性"面板中的"粗体"按钮 **B**，将文字转换为粗体，如图6-10所示。

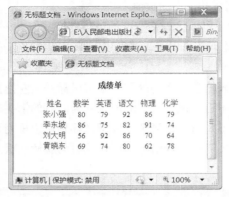

图6-9　"成绩单"基本表格效果

图6-10　输入表格标题文字

（3）然后将光标调到文本的后面再按 Enter 键进行段落换成处理。选择"插入→表格"命令，弹出"表格"对话框，如图6-11所示。

（4）在"表格大小"选项组中设置行数和列及表格宽度。这里设置"行数"选项为"5"，"列"选项为"6"，"表格宽度"选项为"300"，单位设为"像素"，"边框粗细"选项设为"0"，如图6-12所示，单击"确定"按钮，一个5行6列的表格就生成了，保持表格的选取状态，在"属性"面板"对齐"选项下拉列表中选择"居中对齐"选项，设置表格与浏览器居中，如图6-13所示。

图6-11　"表格"对话框

图6-12　设置表格

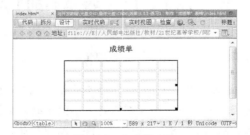

图6-13　生成的表格

（5）表格创建好以后，开始对表格输入数据。在第一行的第一个单元格内单击鼠标左键，确认文本光标在单元格内闪烁，输入"姓名"。在第一行的第二个单元格内单击鼠标左键或直接按键盘上的"→"键，在第二个单元格内输入"数学"，如图 6-14 所示。

图 6-14　在单元格内输入数据

（6）依次在各个单元格里输入数据。输入时，按键盘上"↓"键文本光标会下移到下一行的同一列单元格，按"←"键文本光标会左移一个单元格，按"↑"键会上移到上一行的同一列单元格。

（7）输入完成后，可以根据需要在属性面板中对单元格进行排列。将光标置入到第一行的第一个单元格中，单击鼠标并将其拖曳到第 5 行的第 6 个单元格中，选中所有单元格，如图 6-15 所示。在"属性"面板"水平"选项的下拉列表中选择"水平居中"选项，如图 6-16 所示。

（8）按 Ctrl+S 组合键保存文档，按 F12 键预览效果，如图 6-17 所示。

图 6-15　选中所有单元格　　　　　　　　　　图 6-16　设置所需单元格的水平居中

图 6-17　"成绩单"基本表格效果

6.3.2　练习 2：制作"旅游行程表"立体表格

本例着重练习在 Dreamweaver CS5 中创建一个"旅游行程表"，通过对表格边框的属性设置来创建一个有立体感的表格。本例最终效果如图 6-18 所示。

图 6-18 "旅游行程表"立体表格效果

（1）首先运行程序 Dreamweaver CS5，选择"文件→新建"命令，创建新文档并将其保存在根目录文件夹下。

（2）创建好新文档之后，在文档窗口内输入表格的标题，这里输入"旅游行程表"，选中文字，选择"格式→对齐→居中对齐"命令，将文字居中对齐。保持文字的选取状态，单击"属性"面板中的"粗体"按钮 **B**，将文字转换为粗体，如图 6-19 所示。

图 6-19 在新文档中输入表格标题

（3）然后将光标调到文本的后面再按 Enter 键进行段落换成处理。选择"插入→表格"命令，或按键盘组合键 Ctrl+Alt+T 组合键，或单击"插入"面板"常用"选项卡中的"表格"按钮，弹出"表格"对话框。

（4）在"表格"对话框的"表格大小"里设置行数、列和表格宽度。这里设置"行数"选项为"4"，"列"选项为"3"，"表格宽度"选项为"300"，单位设为"像素"，"边框粗细"选项为"1"，如图 6-20 所示。单击"确定"按钮，一个 4 行 3 列的有立体感的表格就生成了，保持表格的选取状态，在"属性"面板"对齐"选项的下拉列表中选择"居中对齐"选项，设置表格与浏览器居中对齐，如图 6-21 所示。

图 6-20 "表格"对话框

图 6-21 生成的立体表格

（5）保持表格的选取状态，在"属性"面板中修改"填充""间距""边框"的数值，就可以改变表格的立体效果。如将"填充""间距""边框"的选项均设为"8"，如图 6-22 所示，修改后表格的立体效果如图 6-23 所示。

图 6-22　修改属性

图 6-23　生成的立体效果

（6）通过第（5）步的操作修改表格属性后立体效果过于强烈，需要再次修改相关数值，得到适当的立体效果后，开始对该表格输入数据。

（7）在第一行的第一个单元格内单击鼠标左键，确认文本光标在单元格内闪烁，从键盘输入"日期"。按键盘上的"→"键，在第二个单元格内输入"上午"，第三个单元格输入"下午"，如图 6-24 所示。

（8）输入完后，可以根据需要对文本进行一些编辑，如颜色设置、对齐方式设置等。按 Ctrl+S 组合键保存文档，按 F12 键预览效果，如图 6-25 所示。

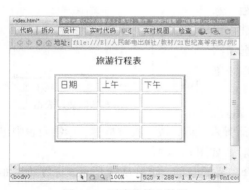

图 6-24　对表格输入数据

图 6-25　"旅游行程表"立体表格效果

6.3.3　练习 3：制作"旅游行程表"双线表格

本例着重练习在 Dreamweaver CS5 中创建一个"旅游行程表"，通过对表格的边框及边框颜色的设置来创建双线表格。本例最终效果如图 6-26 所示。

（1）首先运行程序 Dreamweaver CS5，选择"文件→新建"命令，创建新文档并将其保存在根目录文件夹下。

（2）创建好新文档之后，在文档窗口内输入表格的标题，这里输入"旅游行程表"，选中文字，在"属性"面板"目标规则"选项的下拉列表中选择"<新内联样式>"选项，如图 6-27 所示。然后在"属性"面板中设置粗体、对齐方式和颜色为红色，如图 6-28 所示。

图 6-26　"旅游行程表"双线表格效果

图 6-27　设置内联样式

图 6-28　设置标题样式

（3）然后将光标调到文本的后面再按 Enter 键进行段落换成处理。选择"插入→表格"命令，在弹出的"表格"对话框中，设置"行数"选项为"4"、"列"选项为"3"、"表格宽度"选项为"300"，单位设为"像素"、"边框粗细"选项为"1"，"间距"选项设"2"，单击"确定"按钮，完成表格的创建。保持表格的选取状态，在"属性"面板"对齐"选项的下拉列表中选择"居中对齐"选项，设置表格与浏览器居中，如图 6-29 所示。

图 6-29　插入表格

（4）单击文档窗口左上方的"拆分"按钮 拆分 ，在"拆分"视图窗口中的"cellspacing"代码后面置入光标，按一次空格键，标签列表中出现了该标签的属性参数，在其中选择属性"bordercolor"，如图 6-30 所示。

（5）插入属性后，在弹出的颜色面板中选择需要的颜色，如图 6-31 所示，标签效果如图 6-32 所示。

图 6-30　选择属性

图 6-31　选择颜色

```
12   <table width="300" border="1" align="center" cellspacing="2"
     bordercolor="#FF9900">
```

图 6-32　边框颜色代码显示

（6）完成第（4）、（5）步操作后，表格效果就成了双线表格效果。单击文档窗口左上方的"设计"按钮 设计 ，文档窗口中的显示效果，如图 6-33 所示。至此双线表格制作完了。

（7）在第一行的第一个单元格内单击鼠标左键，确认文本光标在单元格内闪烁，输入"日期"。按键盘上的 Tab 键，文本光标就会跳到下一个单元格，依次在各单元格中输入数据。

（8）输入完毕后，可以根据需要对所输入文字的相关属性进行一些设置。然后按 Ctrl+S 组合键保存文档，按 F12 键预览效果，如图 6-34 所示。

图 6-33　双线表格

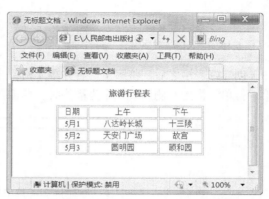

图 6-34　"旅游行程表"双线表格效果

6.3.4　练习 4：制作"会议议程表"

本例着重练习在 Dreamweaver CS5 中创建一个"会议议程表"，通过对单元格的合并，单元格添加背景色以及单元格的对齐。本例最终效果如图 6-35 所示。

图 6-35　"会议议程表"效果

（1）首先运行程序 Dreamweaver CS5，选择"文件→新建"命令，创建新文档并将其保存在根目录文件夹下。

（2）创建好新文档之后，单击"插入"面板"常用"选项卡中的"表格"按钮，在弹出的"表格"对话框中进行设置，如图 6-36 所示，单击"确定"按钮，在文档窗口中插入一个 5 行 5 列的表格。保持表格的选取状态，在"属性"面板"对齐"选项列表中选择"居中对齐"选项，设置表格与文档窗口居中对齐，如图 6-37 所示。

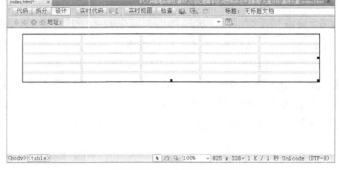

图 6-36　"表格"对话框　　　　　　　　　　　图 6-37　插入的表格效果

（3）创建好表格之后，将第 1 行合并单元格，合并之前需要选中要合并的单元格，将鼠标放置在第 1 行单元格的左侧当鼠标变为箭头时，单击鼠标选中第 1 行所有单元格，如图 6-38 所示。

图 6-38　选中单元格

（4）当选中单元格之后，单击"属性"面板中的"合并所选单元格，使用跨度"按钮，将所选中的单元格合并，如图 6-39 所示。

图 6-39　选中单元格

（5）保持单元格的选取状态，在"属性"面板"目标规则"下拉列表中选择"<新内嵌样式>"选项，"水平"选项的下拉列表中选择"居中对齐"选项，"垂直"选项的下拉列表中选择"顶端"选项，将"颜色"选项设为红色（#F00），"高"选项设为 35，单击"粗体"按钮 **B**，如图 6-40 所示。

图 6-40　设置单元格属性

（6）将光标置入到第 1 行单元格中，输入标题文字，这里输入"会议议程表"，如图 6-41 所示。

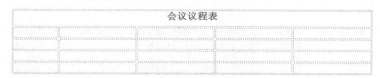

图 6-41　输入标题文字

（7）将光标放置在第 2 行的左侧，当鼠标变为箭头时单击鼠标并向下拖曳，将第 2 行至第 5 行，单元格选中，如图 6-42 所示。

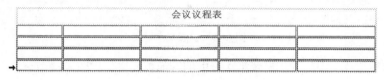

图 6-42　选中多行单元格

（8）当选中单元格之后，在“属性”面板“水平”选项的下拉列表中选择“居中对齐”选项，设置内容与单元格水平居中对齐。将光标置入到第 2 行第 1 列单元格中，在“属性”面板中，将“宽”选项设为 200，如图 6-43 所示。用相同的方法设置第 2 列的宽度为 150，第 3 列的宽度为 140，第 4 列的宽度为 130，第 5 列的宽度为 130，如图 6-44 所示。

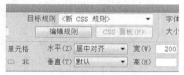

图 6-43　设置单元格宽度

图 6-44　设置单元格宽度显示效果

（9）将光标置入到第 2 行第 1 列单元格中，输入文字，如图 6-45 所示。用相同的方法在其他单元格中输入文字，如图 6-46 所示。

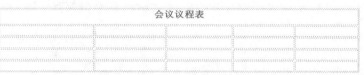

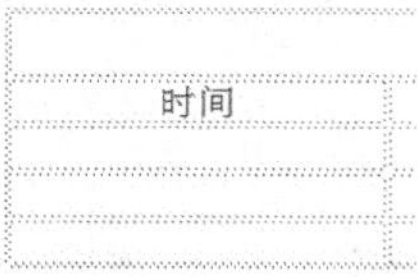

图 6-45　输入文字

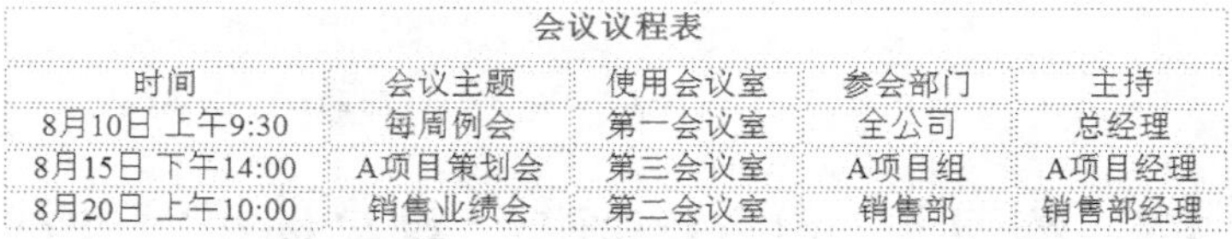

会议议程表				
时间	会议主题	使用会议室	参会部门	主持
8月10日 上午9:30	每周例会	第一会议室	全公司	总经理
8月15日 下午14:00	A项目策划会	第三会议室	A项目组	A项目经理
8月20日 上午10:00	销售业绩会	第二会议室	销售部	销售部经理

图 6-46　在所有单元格中输入文字

（10）选中第 2 行所有单元格，在“属性”面板中，将“背景”颜色选项设为紫色（#993399），如图 6-47 所示。用相同的方法设置第 3 行和第 5 行背景颜色为橙黄色（#FF9933），第 4 行背景为黄色（#FFFF66），如图 6-48 所示。

（11）选中第 2 行第 1 列单元格中的文字，在“属性”面板“目标规则”选项的下拉列表中选择“<新内联样式>”选项，将“颜色”选项设为白色，单击“粗体”按钮 B，如图 6-49 所示。

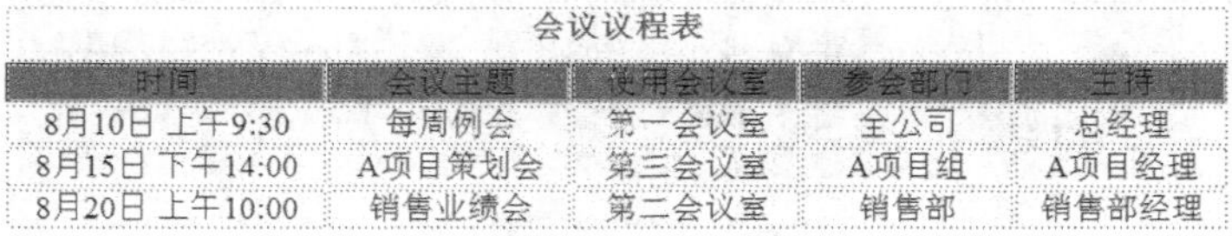

会议议程表				
时间	会议主题	使用会议室	参会部门	主持
8月10日 上午9:30	每周例会	第一会议室	全公司	总经理
8月15日 下午14:00	A项目策划会	第三会议室	A项目组	A项目经理
8月20日 上午10:00	销售业绩会	第二会议室	销售部	销售部经理

图 6-47　设置第 2 行背景颜色

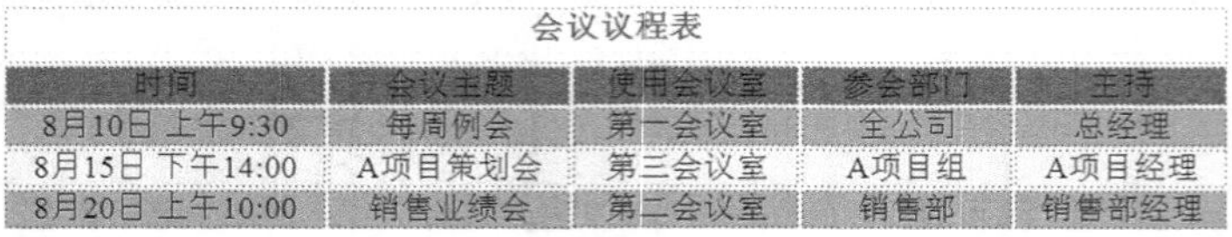

图 6-48　设置其他单元格的背景颜色

属性				
<>HTML	目标规则 < 内联样式 >		字体(O) 默认字体	B I
CSS	编辑规则 CSS 面板(P)		大小(S) 无	#FFF
	单元格 水平(Z) 居中对齐	宽(W)	不换行(O) 背景颜色(G)	#993399
	北 垂直(T) 默认	高(H)	标题(E)	

图 6-49　设置文字样式

（12）用步骤（11）中的方法设置第 2 行中的其他单元格，如图 6-50 所示。

图 6-50　文字为白色的显示效果

（13）会议议程表制作完成，按 Ctrl+S 组合键保存文档，按 F12 键预览效果，如图 6-51 所示。

图 6-51　"会议议程表"显示效果

6.3.5　练习 5：用表格制作"精品楼房"网页顶部

本例着重练习在 Dreamweaver CS5 中创建复杂的表格。主要通过 CSS 样式命令为表格添加背景图像，使用 CSS 样式控制文字的显示效果。本例最终效果如图 6-52 所示。

图 6-52　"精品楼房"网页顶部效果

（1）首先运行程序 Dreamweaver CS5，选择"文件→新建"命令，创建新文档并将其保存在根目录文件夹下。

（2）创建好新文档之后，单击"插入"面板"常用"选项卡中的"表格"按钮▦，在弹出的"表格"对话框中进行设置，如图 6-53 所示，单击"确定"按钮，在文档窗口中插入一个 2 行 2 列的表格。保持表格的选取状态，在"属性"面板"对齐"选项列表中选择"居中对齐"选项，设置表格与文档窗口居中对齐，如图 6-54 所示。

图 6-53　"表格"对话框

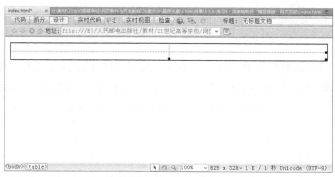

图 6-54　插入表格

（3）插入好表格之后，将光标置入到第 1 行第 1 列单元格中，在"属性"面板"垂直"选项的下拉列表中选择"顶端"选项，"水平"选项的下拉列表中选择"左对齐"选项，将"高"选项设为 100，如图 6-55 所示。

（4）将光标置入到第 2 行第 1 列单元格中，在"属性"面板中，将"高"选项设为 50，如图 6-56 所示。

图 6-55　设置单元格属性

图 6-56　设置单元格高度

（5）设置好单元格高度之后，下面为表格添加背景图像。选择"窗口→CSS 样式"命令，弹出"CSS 样式"面板，单击面板下方的"新建 CSS 样式"按钮🔲，在弹出的"新建 CSS 规则"对话框中进行设置，如图 6-57 所示，单击"确定"按钮，弹出".bj 的 CSS 规则定义"对话框，在左侧的"分类"选项列表中选择"背景"选项，单击"Background-images"选项右侧的"浏览"按钮，在弹出的选择"图像源文件"对话框中选择素材文件夹中的"bj.jpg"文件，如图 6-58 所示，单击"确定"按钮，返回到".bj 的 CSS 规则定义"对话框中，如图 6-59 所示，单击"确定"按钮，完成.bj 样式的创建。

图 6-57　"新建 CSS 样式"对话框

图 6-58　选择图像

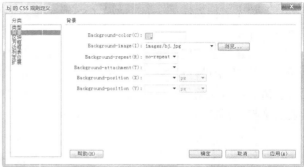

图 6-59　背景图像路径显示

（6）新建好样式之后，下面为表格应用样式，选中表格，如图 6-60 所示，在"属性"面板"类"选项的下拉列表中选择"bj"为表格应用样式，如图 6-61 所示。

图 6-60　选中表格

图 6-61　应用样式之后的显示效果

（7）应用好样式之后，插入其他内容，将光标置入到第 1 行第 1 列单元格中，单击"插入"面板"常用"选项卡中的"图像"按钮，在弹出的"选择图像源文件"对话框中选择素材文件夹中的"logo.png"文件，如图 6-62 所示。

（8）保持图像的选取状态，在"属性"面板中，将"水平边距"选项设为 10，"垂直选项"设为 10，如图 6-63 所示。

图 6-62　插入图像

图 6-63　设置图像属性

（9）将光标置入到第 1 行第 2 列单元格中，在"属性"面板"水平"选项的下拉列表中选择"右对齐"选项，"垂直"选项的下拉列表中选择"顶端"选项，如图 6-64 所示。

（10）单击"插入"面板"常用"选项卡中的"图像"按钮，在弹出的"选择图像源文件"对话框中选择素材文件夹中的"wz.png"文件，保持图像的选取状态，在"属性"面板中，将"水平边距"选项设为 10，"垂直选项"设为 10，如图 6-65 所示。

图 6-64 设置单元格内容对齐方式　　　　图 6-65 插入图像并设置属性

（11）插入好图像之后，下面输入导航条文字，将光标置入到第 2 行第 2 列单元格中，在"属性"面板"水平"选项的下拉列表中选择"右对齐"选项，设置内容与单元格右对齐。在单元格中输入文字，如图 6-66 所示。

图 6-66 输入文字

（12）文字输入好之后，修改文字的显示样式，单击面板下方的"新建 CSS 样式"按钮，在弹出的"新建 CSS 规则"对话框中进行设置，如图 6-67 所示，单击"确定"按钮，在弹出的".text 的 CSS 规则定义"对话框中进行设置，如图 6-68 所示，单击"确定"按钮，完成.text 样式的创建。

图 6-67 "新建 CSS 样式"对话框　　　　图 6-68 text 样式的属性设置

（13）选中导航条文字，如图 6-69 所示，在"属性"面板"类"选项的下拉列表中选择"text"，为文字应用样式，如图 6-70 所示。

图 6-69 选择文字

图 6-70 应用样式之后的显示

（14）"精品楼房"网页顶部制作完成，按 Ctrl+S 组合键保存文档，按 F12 键预览效果，如图 6-71 所示。

图 6-71　"精品楼房"网页顶部效果

6.4　网页中的数据表格

在实际工作中，有时需要将其他程序（如 Excel、Access）建立的表格数据导入到网页中，在 Dreamweaver CS5 中，利用"导入表格式数据"命令可以很容易地实现这一功能。在 Dreamweaver CS5 中提供了对表格进行排序的功能，还可以根据一列的内容来完成一次简单的表格排序，也可以根据两列的内容来完成一次较复杂的排序。

6.4.1　导入和导出表格的数据

有时需要将 Word 文档中的内容或 Excel 文档中的表格数据导入到网页中进行发布，或将网页中的表格数据导出到 Word 文档或 Excel 文档中进行编辑，Dreamweaver CS5 提供了实现这种操作的功能。

1．导入 Excel 文档中的表格数据

选择"文件→导入→Excel 文档"命令，弹出"导入 Excel 文档"对话框，如图 6-72 所示。选择素材文件夹中包含导入数据的 Excel 文档，导入后的效果如图 6-73 所示。

图 6-72　选择 Excel 文件

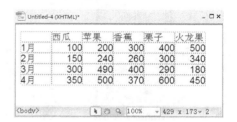

图 6-73　导入 Excel 的效果显示

2. 导入 Word 文档中的内容

选择"文件→导入→Word 文档"命令，弹出"导入 Word 文档"对话框，如图 6-74 所示。选择素材文件夹中包含导入内容的 Word 文档，导入后的效果如图 6-75 所示。

	休闲鞋	运动鞋	皮鞋	凉拖	休闲皮鞋
1月	100	200	300	400	500
2月	150	240	260	300	340
3月	300	490	400	290	180
4月	350	500	370	600	450

图 6-74　选择 Word 数据文件　　　　　图 6-75　导入 Word 数据显示效果

3. 将网页中的表格导入到其他网页或 Word 文档中

若将一个网页的表格导入到其他网页或 Word 文档中，需先将网页内的表格数据导出，然后将其导入其他网页或切换并导入到 Word 文档中。

（1）将网页内的表格数据导出。

选择"文件→导出→表格"命令，弹出如图 6-76 所示的"导出表格"对话框，根据需要设置参数，单击"导出"按钮，弹出"表格导出为"对话框，输入保存导出数据的文件名称，单击"保存"按钮完成设置。

图 6-76　"导出表格"对话框

"导出表格"对话框中各选项的作用如下。

"定界符"选项：设置导出文件所使用的分隔符字符。

"换行符"选项：设置打开导出文件的操作系统。

（2）在其他网页中导入表格数据。

首先要启用"导入表格式数据"对话框，如图 6-77 所示。然后根据需要进行选项设置，最后单击"确定"按钮完成设置。

启用"导入表格式数据"对话框，有以下几种方法。

选择"文件→导入→表格式数据"命令。

选择"插入→表格对象→导入表格式数据"命令。

"导入表格式数据"对话框中各选项的作用如下。

"数据文件"选项：单击"浏览"按钮选择要导入的文件。

"定界符"选项：设置正在导入的表格文件所使用的分隔符。它包括 Tab、逗点等选项值。如果选择"其他"选项，在选项右侧的文本框中输入导入文件使用的分隔符，如图 6-78 所示。

图 6-77　"导入表格式数据"对话框

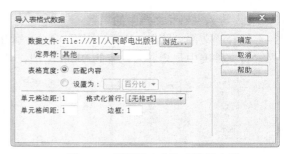

图 6-78　设置导入表格式数据选项

"表格宽度"选项组：设置将要创建的表格宽度。

"单元格边距"选项：以像素为单位设置单元格内容与单元格边框之间的距离。

"单元格间距"选项：以像素为单位设置相邻单元格之间的距离。

"格式化首行"选项：设置应用于表格首行的格式。从下拉列表的"无格式""粗体""斜体"和"加粗斜体"选项中进行选择。

"边框"选项：设置表格边框的宽度。

（3）在 Word 文档中导入表格数据。

在 Word 文档中选择"插入→对象→文本中的文字"

图 6-79　"插入文件"对话框

命令，弹出如图 6-79 所示的"插入文件"对话框。选择插入的文件，单击"插入"按钮，弹出如图 6-80 所示的"文件转换"对话框，单击"确定"按钮完成设置，效果如图 6-81 所示。

图 6-80　"文件转换-导出数据.CSV"对话框

图 6-81　导入 Word 中的数据

6.4.2　排序表格

日常工作中，常常需要对无序的表格内容进行排序，以便浏览者可以快速找到所需的数据。表格排序功能可以为网站设计者解决这一难题。

将插入点放到要排序的表格中，然后选择"命令→排序表格"命令，弹出"排序表格"对话框，如图 6-82 所示。根据需要设置相应选项，单击"应用"或"确定"按钮完成设置。

"排序表格"对话框中各选项的作用如下。

"排序按"选项：设置表格按哪列的值进行排序。

"顺序"选项：设置是按字母还是按数字顺序以及是以升序（从 A 到 Z 或从小数字到大数字）还是降序对列进行排序。当列的内容是数字时，选择"按数字顺序"。如果按字母顺序对一组由一位或两位字数组成的数进行排序，则会将这些数字作为单词按照从左到右的方式进行排序，而不是按数字大小进行排序。如 1、2、3、10、20、30，若按字母排序，则结果为 1、10、2、20、3、30；若按数字排序，则结果为 1、2、3、10、20、30。

图 6-82　"排序表格"对话框

"再按"和"顺序"选项：按第一种排序方法排序后，当排序的列中出现相同的结果时按第二种排序方法排序。可以在这两个选项中设置第二种排序方法，设置方法与第一种排序方法相同。

"选项"选项组：设置是否将标题行、脚注行等一起进行排序。

"排序包含第一行"选项：设置表格的第一行是否应该排序。如果第一行是不应移动的标题，则不选择此选项。

"排序标题行"选项：设置是否对标题行进行排序。

"排序脚注行"选项：设置是否对脚注行进行排序。

"完成排序后所有行颜色保持不变"选项：设置排序的结果是否保持原行的颜色值。如果表格行使用两种交替的颜色，则不要选择此选项以确保排序后的表格仍具有颜色交替的行。如果行属性特定于每行的内容，则选择此选项以确保这些属性保持与排序后表格中正确的行关联在一起。

如图 6-82 所示进行设置，表格内容排序后效果如图 6-83 所示。

图 6-83　排序之后的表格显示

合并单元格的表格是不能使用"排序表格"命令的。

6.5　实践与练习：运用"数据表格"制作网页

本例通过使用合并单元格和拆分单元格命令，对单元格进行合并和拆分操作，使用导入表格数据以及排序表格命令，导入表格和排序表格数据，最终的页面效果如图 6-84 所示。

本练习共分为 3 个大步骤——"设计页面""表格布局"和"插入图像与数据表格"。

1.设计页面

（1）要制作网页，首先需要的是设计思路，然后根据设计思路绘制出所要设计的网页草图。例如本例要制作的网页草图结构如图 6-85 所示。

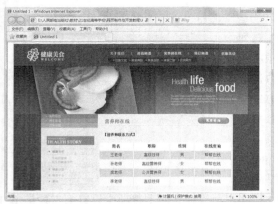

图 6-84　最终效果

图 6-85　绘制页面结构

（2）有了设计思路之后，现在就根据设计思路在作图软件中设计出网页的具体内容，如图 6-86 所示。

（3）在绘制这个网页时，凡是正文部分均留出空白，等插入到 Dreamweaver CS5 后，再详细添加文字内容，这里只是在插入数据表格的位子留有空白。

（4）设计好网页内容之后，借助参考线和切片工具将网页内容进行分块存储到指定的根文件夹中，如图 6-87 所示。

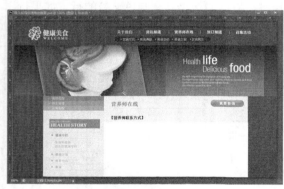

图 6-86　设计页面效果

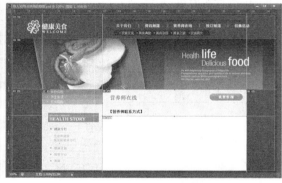

图 6-87　分别存储图像

2．插入表格并设置表格

（1）在上一节中完成了网页内容的绘制，并将它们进行了分割存储。现在运行 Dreamweaver CS5，创建一个新文档并将其保存在根目录下，准备将设计好的网页效果套用到该文档中。

（2）保存好文档之后，单击"插入"面板"常用"选项卡中的"表格"按钮 ⊞，在弹出的"表格"对话框中，将"行数"选项设为 3，"列"选项设为 4，"表格宽度"选项设为 1000，"边框粗细""单元格间距""单元格边距"选项均设为 0，其他选项的设置如图 6-88 所示，单击"确定"按钮，在页面中插入一个 3 行 4 列的表格。

（3）保持表格的选取状态，在"属性"面板"对齐"选项的下拉列表中选择"居中对齐"选项，设置表格与页面居中对齐，如图 6-89 所示。

（4）插入好表格之后，将第 1 行和第 2 行中的列合并成 1 列。选中第 1 行所有单元格，如图 6-90 所示，单击"属性"面板中的"合并所选单元格，使用跨度"按钮 ▭，将选中的第 1 行的单元格合并，如图 6-91 所示。

图 6-88 设置表格参数

图 6-89 插入表格并居中对齐

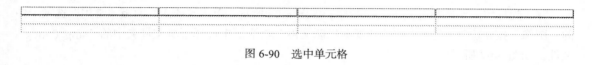

图 6-90 选中单元格

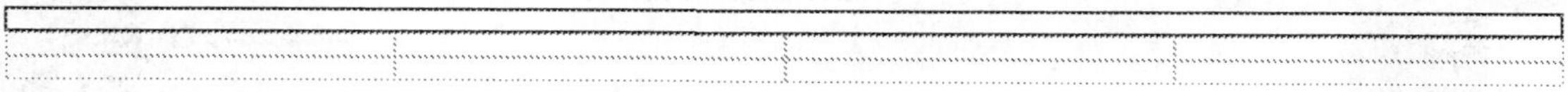

图 6-91 合并单元格效果

（5）用步骤（4）的方法将第 2 行单元格合并，如图 6-92 所示。

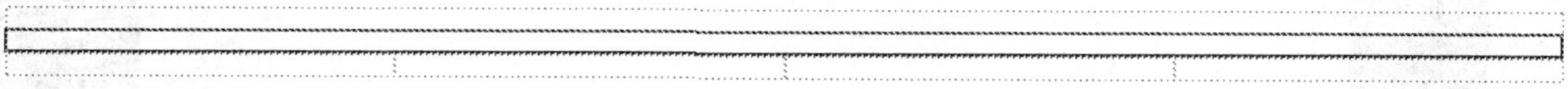

图 6-92 合并单元格效果

3. 插入图像和数据表格

（1）通过前两节的制作，完成了单元格的插入与修改，在制作的过程中要养成边做边保存的习惯，以防止因意外操作等其他因素造成的信息丢失。

（2）将光标置入到第 1 行单元格中，单击"插入"面板"常用"选项卡中的"图像"按钮，在弹出的"选择图像源文件"对话框中选择素材文件夹中的"img_01.jpg"文件，如图 6-93 所示。

图 6-93 插入图像

（3）继续在单元格内插入图像，使网页图像都一一对应地放置到单元格的位置上，如图 6-94 所示。

（4）将光标置入到第 3 行第 3 列单元格中，单击"属性"面板中的"拆分单元格为行或列"按钮，在弹出的"拆分单元格"对话框中，选择"把单元格拆分成"选项组中的"行"单选项，"行数"选项设置为 2，单击"确定"按钮，将光标所在的单元格拆分成 2 行，如图 6-95 所示。

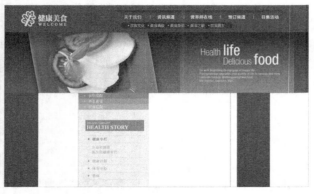

图 6-94　插入对应的图像

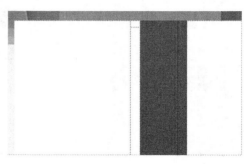

图 6-95　拆分单元格

（5）光标置入到刚拆分的上面 1 行中，如图 6-96 所示，单击"插入"面板"常用"选项卡中的"图像"按钮 ，在弹出的"选择图像源文件"对话框中选择素材文件夹中的"img_05.jpg"文件，如图 6-97 所示。

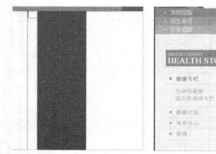

图 6-96　定光标位置

图 6-97　插入图像

（6）将光标置入到如图 6-98 所示的单元格中，在"属性"面板中，将"高"选项设为 221，"背景颜色"设置为浅灰色（#F2F3EB），如图 6-99 所示。

图 6-98　定光标位置

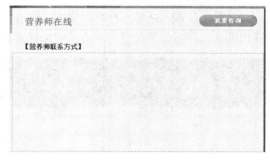

图 6-99　设置单元格背景色

（7）设置好单元格背景色之后，插入数据表格，选择"插入→表格对象→导入表格式数据"命令，弹出"导入表格式数据"对话框，单击"数据文件"选项右侧的"浏览"按钮，在弹出的"打开"对话框中选择素材中的"导入表格.txt"文件，如图 6-100 所示，单击"打开"按钮，返回到"导入表格式数据"对话框中，其他选项的设置如图 6-101 所示。

图 6-100　选择数据文件

图 6-101　"导入表格式数据"对话框

（8）单击"确定"按钮，完成数据表格的导入，如图 6-102 所示。保持表格的选取状态，在"属性"面板"对齐"选项的下拉列表中选择"居中对齐"选项，将"填充"选项设为 8，如图 6-103 所示。

图 6-102　插入数据式表格

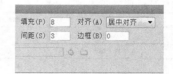

图 6-103　设置表格参数

（9）将光标置入到第 1 行第 1 列单元格中，在"属性"面板中，将"宽"选项设为 120，如图 6-104 所示。用相同的方法设置第 2 列、第 3 列、第 4 列的列宽分别为 130、80、130，如图 6-105 所示。

图 6-104　设置第 1 列的列宽

图 6-105　设置其他列的宽度

（10）将第 1 行单元格选中，在"属性"面板中，勾选"标题"复选框，将"背景颜色"选项设为白色，如图 6-106 所示，单元格效果如图 6-107 所示。

（11）将第 2 行和第 4 行单元格选中，如图 6-108 所示，在"属性"面板"水平"选项的下拉列表中选择"居中对齐"选项，"背景颜色"选项设为浅绿色（#B7EA84），单元格效果如图 6-109 所示。

图 6-106　设置单元格属性

图 6-107　单元格显示效果

图 6-108　选中多行单元格　　　　　　　　　　　　图 6-109　设置多行单元格属性

（12）将第 3 行和第 5 行单元格选中，如图 6-110 所示，在"属性"面板"水平"选项的下拉列表中选择"居中对齐"选项，"背景颜色"选项设为浅黄色（#FFFFCC），单元格效果如图 6-111所示。

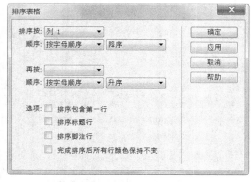

图 6-110　选中多行单元格　　　　　　　　　　　　图 6-111　设置多行单元格属性

（13）设置好单元格属性之后，下面进行表格排序，选择"命令→排序表格"命令，在弹出的"排序表格"对话框中进行设置，如图 6-112 所示，单击"确定"按钮，效果如图 6-113 所示。

图 6-112　"排序表格"对话框　　　　　　　　　　图 6-113　排序后的显示效果

（14）"数据表格"网页制作完成，按 Ctrl+S 组合键保存文档，按 F12 键预览效果，如图 6-114所示。

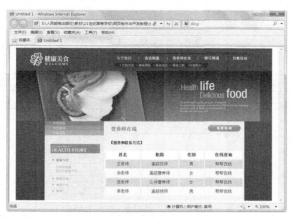

图 6-114 最终效果

小 结

本章的内容是介绍如何在网页中加入表格，并且对表格进行设置，使它能够以各种丰富的样式展现出来。表格最重要的三个标签分别是"<tabel>""<tr>和<td>"，分别用于定义表格、表格中的行和表格单元格。此外，还有与之相关的一些属性需要记清，比如边框、边距等参数的设置。表格在网页中的作用除了显示数据以外，还经常被用作网页定位和布局的工具。

练 习

6-1 在 Dreamweaver 中，选择菜单栏中的"插入→表格"命令，可以打开"插入表格"对话框，设置表格的参数，但不包括（ ）。

（A）水平行数目

（B）垂直行数目

（C）每个单元格的宽度

（D）表格的预设宽度

6-2 在 Dreamweaver 中，可以通过"属性"面板来设置表格的属性。下面选项中，不属于表格属性的是( )。

（A）表格的行高

（B）表格的行数

（C）单元格之间的距离

（D）表格各个行的背景颜色

6-3 制作一个双线表格，要求表格的间距、边距和边框选项均为 2，边框颜色可以任意设置，表格内的数据要求居中。效果如图 6-115 所示。

图 6-115 习题 6-3 图

第7章
框　架

框架的作用是把浏览器的显示空间分割为几个部分，每个部分都可以独立显示不同的网页。图 7-1 所示的是一个使用了框架的网页，可以看到，左侧是各个账户管理的名称，单击任意一个账户名称，在网页的右侧就会显示相应账户的内容。左右两边是独立显示的，例如拉动左侧的滚动条，不会影响右侧的显示效果，反之亦然。与框架相关的概念是框架集，把几个框架组合在一起就成为了框架集。

图 7-1　使用框架的网页

7.1　创建框架和框架集

在 Dreamweaver CS5 中，可以非常方便地通过可视化的方法创建框架和框架集。

首先选择菜单"查看→可视化助理→框架边框"命令，这时文档窗口的边缘会显示出一个突起的边框，如图 7-2 所示。

用鼠标拖曳边框，就可以把窗口一分为二，4 条边框都可以拖曳。拖曳上下边框可以把窗口分为上下两个部分，如图 7-3 所示，拖曳左右边框可以把窗口分为左右两个部分。如果从窗口的角上开始拖曳鼠标，窗口会被分成 4 个部分。拖曳鼠标可以移动刚刚生成的分割线。

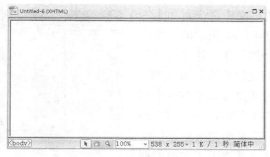 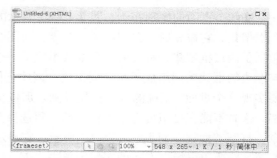

图 7-2 显示框架边框　　　　　　　　图 7-3 将窗口分割为两个框架

当窗口被分割为几个框架以后，每个框架都可以作为独立的网页进行编辑，也可以直接把某个已经存在的页面赋给一个框架。

此时打开 HTML 面板，可以看到相应的 HTML 代码如例 7-1 所示。

【例 7-1】 最基本的框架页面示例

```
<!DOCTYPE HTML PUBLIC "-//W3C//DTD HTML 4.01 Frameset//EN"
"http://www.w3.org/TR/html4/frameset.dtd">
<html>
    <head>
        <meta http-equiv="Content-Type" content="text/html; charset=gb2312">
        <title>无标题文档</title>
    </head>
      <frameset rows="160,237">
        <frame src="top.html">
        <frame src="bottom.html">
      </frameset>
    <noframes>
    <body>
    </body>
    </noframes>
</html>
```

这段代码与以往的网页代码有所不同。在 "<head>" 和 "</head>" 这一节后面不是在 "<body>" 和 "</body>" 标签之间直接定义页面内容，而是使用 "<frameset>" 和 "</frameset>" 标签定义框架集，并用 "<frame>" 标签定义了两个框架。frame 后面的 "src="…"" 可以指明框架中的网页文件，由于还没有指定，因此目前是一个临时的文件名。在 "<frameset>" 和 "</frameset>" 标签后面还有一对 "<noframes>" 和 "</noframes>" 标签，它们之间的内容用于不支持框架的浏览器。

框架允许嵌套，例如图 7-4 所示的页面。

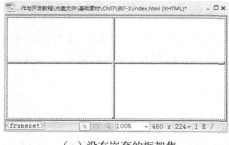 

（a）没有嵌套的框架集　　　　　　　（b）嵌套的框架集

图 7-4 框架集嵌套示例

这两个页面的区别在于，图 7-4（a）所示的页面中整个页面是一个框架集，它被分成了并列的 4 个框架。而图 7-4（b）所示的页面中包括了两级框架集，右边的两个框架组成了一个框架集，这个框架集与左边的框架共同组成了整个框架集，因此它们之间存在嵌套关系。要实现这个页面，正确的方法是先像刚才那样把页面分为左右两个框架。这时不能直接拖曳上下边框，而必须选择菜单"窗口→框架"命令，打开"框架"面板，如图 7-5 所示。它显示了页面划分框架的示意图，然后用鼠标在右边的区域中单击一下，这样就选中了右边的框架，这时再到文档窗口中拖曳边框（注意要拖曳边框右边的部分），这样就可以实现所需的效果了。

图 7-5　框架面板

从 HTML 代码中可以清楚地看出二者的区别，图 7-4（a）对应的 HTML 代码为：

```
<frameset rows="194,*" cols="166,171">
  <frame src="UntitledFrame-15">
  <frame src="top.html">
  <frame src="UntitledFrame-16">
  <frame src="bottom.html">
</frameset>
```

可以看出上面 4 个框架是并列的关系。

图 7-4（b）对应的 HTML 代码为：

```
<frameset cols="166,171">
  <frame src="UntitledFrame-16">
  <frameset rows="102,112">
    <frame src="UntitledFrame-17">
    <frame src="bottom.html">
  </frameset></frameset>
```

可以看出，右边的两个框架组成了一个框架集，这个框架集与左边的框架共同组成了整个框架集，因此它们之间存在嵌套关系。

7.2　编　辑　框　架

本节从学习如何删除框架开始学习对框架的编辑操作。

7.2.1　删除框架

当加入了一条边线后，发现加错了，如何去掉这条线呢？一种方法是修改 HTML 代码，把相关的语句删除，另一种方法是用鼠标把要删除的边线拖曳到父框架的边框上，这条边线就被删除了。

7.2.2　选择框架集

在编辑框架之前还有一个选择操作对象的问题。如果用鼠标单击框架的边框，可以选中框架集，这时它的属性面板如图 7-6 所示。

图 7-6　框架集的属性面板

在这个属性面板中可以设定如下参数。

（1）边框：是否显示边框。

（2）边框宽度：设定边框的宽度。

（3）边框颜色：设定边框的颜色。

（4）行：设置框架的高度。

设定每个框架的尺寸的方法是首先在面板右边的缩略图中选定一行或一列，然后在它旁边的"值"输入框中输入数值，并选择单位，如像素、百分比等。

7.2.3　选择框架以及框架中的内容

如果在框架面板中选择任意一个框架，则在框架面板中被选中的框架有黑色的边，如图 7-7 所示，这时就可以设置这个框架的属性了。框架的属性面板如图 7-8 所示。

图 7-7　框架面板

在框架的属性面板中可以设定如下参数。

（1）源文件：该框架中的网页文件。

（2）滚动：是否加入滚动条。

（3）边框：是否显示边框。

（4）不能调整大小：是否允许在浏览时改变该框架的大小。

（5）边框颜色：设定框架边框的颜色。

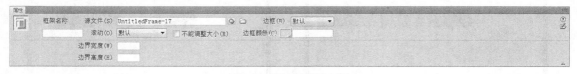

图 7-8　框架的属性面板

（6）边界宽度：设定框架中的内容与左右边框的距离。

（7）边界高度：设定框架中的内容与上下边框的距离。

选中一个框架以后，用户可以对该框架的属性进行设置，此外还可以选中某个框架中的内容，然后对其进行编辑。

如果用鼠标在文档窗口中的任意一个框架里单击一下，就可以像前面编辑一般的页面一样，插入并编辑各种各样的文本、图片等网页元素。

7.3　实践与练习：使用预定义的框架集

本例通过制作一个干果批发网页，具体讲解框架的创建和保存方法，另外要掌握如何在框架之间建立超级链接。本例最终效果如图 7-9 所示。

图 7-9　预览效果

1. 创建框架并进行保存

（1）要使用框架集制作网页，首先要设计出网页结构，这里使用 Photoshop 设计一个个人主页的基本框架，如图 7-10 所示。

（2）设计好页面框架之后，借助参考线和切片工具将图片进行分割存储，如图 7-11 所示。然后准备在 Dreamweaver CS5 软件中使用框架集制作网页。

图 7-10　设计网页　　　　　　　　　　图 7-11　分割并存储图像

（3）完成网页的设计和存储之后，运行 Dreamweaver CS5 程序，创建一个新文档并将其保存在根目录下。接着在"插入"面板"布局"选项卡中单击"布局"按钮 ，在弹出的菜单中选择"顶部框架"，创建一个新的框架集，如图 7-12 所示。

（4）选择了顶部框架模式之后，会弹出一个"框架标签辅助功能属性"对话框，在该对话框中可以从"框架"下拉列表中看到当前两个框架的默认标题名，在"标题"文本框后面，则可以重新定义框架的标题，如图 7-13 所示。这里保持默认状态即可。

（5）完成上述操作之后，单击"确定"按钮，完成框架的创建。在该文档窗口中可以发现，文档的编辑区被虚点框分割成上下两部分，中间的分割线还可以任意进行拖曳，如图 7-14 所示。

图 7-12　创建框架

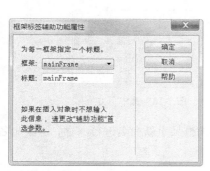

图 7-13 为框架设置标题

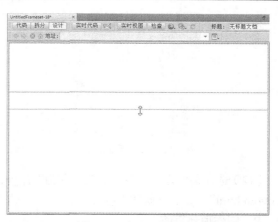

图 7-14 完成顶部框架的创建

（6）这里先对创建出来的框架集进行保存，保存框架的时候要注意同时保存的是几个页面而非单一的一个页面，这里先讲解一下框架集的存储方法。

（7）为了便于观察框架的构成，这里选择菜单栏"窗口→框架"命令，打开"框架"面板。在该对话框中，可以看到框架的结构图。

（8）使用鼠标指针单击框架的边缘，当边缘以黑色凸出显示时，表明选中了整个框架集，如图 7-15 所示。如果单击"topFrame"或者"mainFrame"框架时，则可以将这两个框架单独选中。

（9）保存整个框架集的方法是，选择菜单栏"文件→框架集另存为"命令，在弹出的对话框中为这个框架集重新定义一个名称，这里命名为"index.html"，如图 7-16 所示。

图 7-15 选择框架

图 7-16 保存框架集

（10）接下来用鼠标在框架面板中的"topFrame"内单击，再将文本光标置入顶部框架内，此时"框架"面板中的"topFrame"框架以黑色凸出显示，表明它处于选中状态，如图 7-17 所示。然后选择菜单栏"文件→框架另存为"命令，在弹出的对话框中，将选中的框架重新命名为"top.html"后将其保存到站点根目录下。

（11）完成顶部框架的保存工作之后，先用鼠标在框架面板中的"mainFrame"内单击，再将文本光标置入下面框架内，此时可以在"框架"对话框中观察到"mainFrame"框架处于选中状态，如图 7-18 所示。

图 7-17　选中顶部框架

图 7-18　选中下方框架

（12）选择菜单栏"文件→框架另存为"命令，将选中的框架重新命名进行保存，这里命名为"bottom.html"。完成框架的保存操作。

2．制作顶部页面

（1）通过上述步骤的操作，完成了框架的创建和保存工作，并且也设计好了网页的图像效果，下面分别为框架添加图像内容。

（2）先来为顶部框架添加内容。将鼠标指针置入顶部框架内，单击"属性"面板中的"页面属性"按钮，在弹出的"页面属性"对话框中，将"左边距"、"右边距"、"上边距"、"下边距"选项均设为"0"，如图 7-19 所示，单击"确定"按钮，完成页面属性的修改。

图 7-19　"页面属性"对话框

（3）设置好页面属性之后，单击"插入"面板"常用"选项卡中的"表格"按钮，在弹出的"表格"对话框中，将"行数"选项设为"2"，"列"选项设为"2"，"表格宽度"选项设为"1000"，"边框粗细""单元格间距""单元格边距"选项均设为"0"，单击"确定"按钮，在页面中插入一个 2 行 2 列的表格。保持表格的选取状态，在"属性"面板"对齐"选项的下拉列表中选择"居中对齐"选项，设置表格在当前框架页中水平居中对齐，如图 7-20 所示。

图 7-20　插入表格布局

（4）插入表格后，对表格进行修改，选中第 1 行第 1 列和第 2 行第 2 列单元格，单击"属性"面板中的"合并所选单元格，使用跨度"按钮 □，将选中的单元格进行合并处理，如图 7-21 所示。

图 7-21　合并单元格

（5）表格修饰好后，下面插入图像，将光标置入到刚合并的单元格中，单击"插入"面板"常用"选项卡中的"图像"按钮 □·，在弹出的"选择图像源文件"对话框中选择素材文件夹中的"01.jpg"文件，单击"确定"按钮，插入图像，如图 7-22 所示。用相同的方法将相应的图像插入到相应的单元格中，如图 7-23 所示。

图 7-22　合并单元格

图 7-23　插入相应的图像

（6）在单元格中插入相应的图像后，会发现有时图像会全部显示，有时只能显示局部，那么这种情况下只能控制一下顶部框架页面的高度，在文档窗口中，将鼠标放置在框架边框上单击鼠标，如图 7-24 所示，选中框架。

（7）在"属性"面板"行"选项的文本框中输入"228"，如图 7-25 所示，调整顶部框架页的高度为 228，这时会看到水平框架线紧贴着表格的下方，如图 7-26 所示。

图 7-24　选择框架

图 7-25　设置框架的高度参数

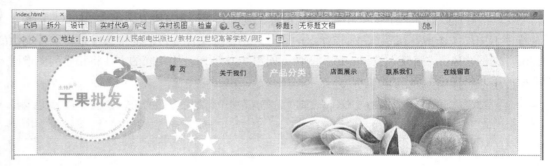

图 7-26　设置高度后的显示效果

3．制作底部页面

（1）通过上述的方法完成了顶部页面的制作，下面接着制作底部页面，将鼠标指针置入底部框架内，单击"属性"面板中的"页面属性"按钮，在弹出的"页面属性"对话框中，将"左边距""右边距""上边距""下边距"选项均设为"0"，如图 7-19 所示，单击"确定"按钮，完成页面属性的修改。

（2）设置好页面属性后，下面为底部框架布局，单击"插入"面板"常用"选项卡中的"表格"按钮 囲，在弹出的"表格"对话框中，将"行数"选项设为"1"，"列"选项设为"1"，"表格宽度"选项设为"1000"，"边框粗细""单元格间距""单元格边距"选项均设为"0"，单击"确定"按钮，在页面中插入一个 1 行 1 列的表格。保持表格的选取状态，在"属性"面板"对齐"选项的下拉列表中选择"居中对齐"选项，设置表格在当前框架页中水平居中对齐，如图 7-27 所示。

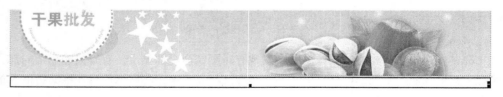

图 7-27　插入表格布局

（3）表格布局后，为整体表格添加背景图像，这里利用 CSS 样式为表格添加。选择"窗口→CSS 样式"命令，弹出"CSS 样式"面板，单击"CSS 样式"面板下方的"新建 CSS 样式"按钮 ，在弹出的"新建 CSS 规则"对话框中进行设置，如图 7-28 所示，单击"确定"按钮，弹出

".bj 的 CSS 规则定义"对话框,在左侧"分类"选项列表中选择"背景"选项,单击"Background-image"选项右侧的"浏览"按钮,在弹出的"选择图像源文件"对话框中选择素材文件夹中的"bj.jpg"文件,单击"确定"按钮,返回到".bj 的 CSS 规则定义"对话框,在"Background- repeat"选项的下拉列表中选择"repeat-x"选项,如图 7-29 所示,单击"确定"按钮,完成.bj 样式的创建。

图 7-28 "新建 CSS 规则"对话框

图 7-29 设置 bj 样式选项

（4）设置好样式后，下面应用样式，将光标置入到单元格中，如图 7-30 所示，在"属性"面板"类"选项的下拉列表中选择"bj"，"水平"选项的下拉列表中选择"居中对齐"选项，"垂直"选项的下拉列表中选择"顶端"选项，将"高"选项设为"585"，单元格效果如图 7-31 所示。

图 7-30 插入光标

图 7-31 应用样式后的单元格

（5）应用好样式后，下面进行嵌套表格。单击"插入"面板"常用"选项卡中的"表格"按钮，在弹出的"表格"对话框中，将"行数"选项设为"4"，"列"选项设为"1"，"表格宽度"选项设为"938"，"边框粗细""单元格间距""单元格边距"选项均设为"0"，单击"确定"按钮，在页面中插入一个 4 行 1 列的表格，如图 7-32 所示。

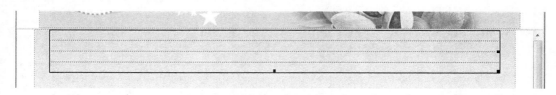
图 7-32 嵌入表格

（6）将光标置入到刚嵌入表格的第 1 行单元格中，单击"插入"面板"常用"选项卡中的"图像"按钮，在弹出的"选择图像源文件"对话框中选择素材文件夹中的"syj.png"文件，单击"确定"按钮，插入图像，如图 7-33 所示。用相同的方法在第 3 行单元格中插入相应的图像，如图 7-34 所示。

图 7-33　插入上方圆角图像

图 7-34　插入下方圆角图像

（7）插入好图像之后，下面为单元格创建样式，单击"CSS 样式"面板下方的"新建 CSS 样式"按钮，在弹出的"新建 CSS 规则"对话框中进行设置，如图 7-35 所示，单击"确定"按钮，弹出".bj_01 的 CSS 规则定义"对话框，在左侧"分类"选项列表中选择"背景"选项，单击"Background-image"选项右侧的"浏览"按钮，在弹出的"选择图像源文件"对话框中选择素材文件夹中的"bj_01.jpg"文件，单击"确定"按钮，返回到".bj_01 的 CSS 规则定义"对话框，在"Background- repeat"选项的下拉列表中选择"repeat-y"选项，如图 7-36 所示，单击"确定"按钮，完成.bj 样式的创建。

图 7-35　"新建 CSS 规则"对话框　　　　图 7-36　设置 bj_01 样式选项

（8）设置好样式后，下面将第 2 行单元格拆分成 2 列显示，将光标置入到第 2 行单元格中，单击"属性"面板中的"拆分单元格为行或列"按钮，在弹出的"拆分单元格"对话框中进行设置，如图 7-37 所示，将单元格拆分成 2 列显示，如图 7-38 所示。

图 7-37　"拆分单元格"对话框　　　　图 7-38　拆分单元格的显示

（9）拆分好单元格后，下面为第 2 行应用样式，将光标放置在快速选择标签区域的\<tr\>上单击鼠标右键，在弹出的快捷菜单中选择"设置类→bj_01"选项，如图 7-39 所示，为第 2 行应用样式，单元格效果如图 7-40 所示。

图 7-39 为行应用样式

图 7-40 应用样式后的行显示

（10）为行应用样式后，将光标置入到第 2 行第 1 列单元格中，在"属性"面板"垂直"选项的下拉列表中选择"顶端"选项，将"宽"选项设为"222"，"高"选项设为"300"，如图 7-41所示。

图 7-41 设置单元格属性

（11）设置好属性后，在第 1 列单元格中嵌套一个 2 行 1 列的表格，单击"插入"面板"常用"选项卡中的"表格"按钮 ，在弹出的"表格"对话框中，将"行数"选项设为"2"，"列"选项设为"1"，"表格宽度"选项设为"200"，"边框粗细""单元格间距""单元格边距"选项均设为"0"，单击"确定"按钮，在页面中插入一个 2 行 1 列的表格。保持表格的选取状态，在"属性"面板"对齐"选项的下拉列表中选择"居中对齐"选项，设置嵌入表格在当前单元格中水平居中对齐，如图 7-42 所示。

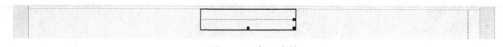

图 7-42 嵌入表格

（12）嵌入表格后，将嵌入表格的单元格全部选中，在"属性"面板"水平"选项的下拉列表中选择"居中对齐"选项，将"背景颜色"选项设为浅黄色（#FFF9E9），单元格效果如图 7-43所示。

图 7-43 设置单元格背景色

（13）将光标置入到刚嵌入表格的第 1 行单元格中，单击"插入"面板"常用"选项卡中的"图像"按钮 ，在弹出的"选择图像源文件"对话框中选择素材文件夹中的"10.jpg"文件，单击"确定"按钮，插入图像，如图 7-44 所示。保持图像的选取状态，在"属性"面板中，将"垂直边距"选项设为"5"，如图 7-45 所示，图像的显示效果如图 7-46 所示。

图 7-44　插入图像　　　图 7-45　设置图像属性　　　图 7-46　设置图像垂直边距

（14）将光标置入到第 2 行单元格中，再次嵌入一个表格，单击"插入"面板"常用"选项卡中的"表格"按钮 📱，在弹出的"表格"对话框中，将"行数"选项设为"9"，"列"选项设为"1"，"表格宽度"选项设为"169"，"边框粗细""单元格边距"选项均设为"0"，"单元格间距"选项设为"5"，单击"确定"按钮，在页面中插入一个 9 行 1 列的表格，如图 7-47 所示。

（15）嵌入好表格后，选中嵌入表格的所有单元格，在"属性"面板"水平"选项的下拉列表中选择"居中对齐"选项，将"背景颜色"选项设为浅黄色（#FFF3D3），单元格效果如图 7-48 所示。设置好背景色后，在单元格中输入相应的文字，如图 7-49 所示。

图 7-47　嵌入表格　　　图 7-48　设置单元格背景色　　　图 7-49　输入文字

（16）输入好文字后，我们发现文字的颜色是默认的黑色，接下来更改文字的颜色，单击"CSS样式"面板下方的"新建 CSS 样式"按钮 🔁，在弹出的"新建 CSS 规则"对话框中进行设置，如图 7-50 所示，单击"确定"按钮，弹出".text 的 CSS 规则定义"对话框，在左侧的"分类"选项的列表中选择"类型"选项，将"Line-height"选项设为"24"，"Color"选项设为棕色"#960"，如图 7-51 所示，单击"确定"按钮，完成.text 样式的创建。

图 7-50　"新建 CSS 规则"对话框　　　图 7-51　设置文字的显示颜色

（17）创建好文字的显示样式后，下面选中如图 7-52 所示的表格，在"属性"面板"类"选项的下拉列表中选择"text"，为表格中的文字应用样式，效果如图 7-53 所示。

图 7-52　选中表格　　　　图 7-53　应用效果后的显示

（18）制作好左侧后，下面制作右侧内容，将光标置入到如图 7-54 所示的单元格中，单击"插入"面板"常用"选项卡中的"图像"按钮 ，在弹出的"选择图像源文件"对话框中选择素材文件夹中的"pic.jpg"文件，单击"确定"按钮，插入图像，如图 7-55 所示。

图 7-54　定光标位置　　　　　　　　　　图 7-55　插入图像

（19）插入好图像后，下面制作网页的结尾，将光标置入到如图 7-56 所示的单元格中，在"属性"面板"水平"选项的下拉列表中选择"居中对齐"选项，"垂直"选项的下拉列表中选择"底部"选项，将"高"选项设为"100"，如图 7-57 所示。

图 7-56　定光标位置　　　　　图 7-57　设置单元格属性

（20）在单元格中输入文字，如图 7-58 所示，选中输入的文字，在"属性"面板"类"选项的下拉列表中选择"text"，为文字应用样式，效果如图 7-59 所示。

首页 | 关于我们 | 产品分类 | 店面展示 | 联系我们 | 在线留言　　　首页 | 关于我们 | 产品分类 | 店面展示 | 联系我们 | 在线留言
Copyright © 2003-2014, 版权所有 GanGuo.COM　　　　Copyright © 2003-2014, 版权所有 GanGuo.COM

图 7-58　输入文字　　　　　　　　　　图 7-59　为文字应用样式

（21）当只做好正文区域后，观察制作出来的页面效果，当网页内容超过文档窗口中框架的高度或者宽度时，在文档窗口的右边缘或者底边缘会出现一个滚动条。如果没出现滚动条，可选择菜单栏"窗口→框架"命令，打开"框架"对话框。

（22）在"框架"对话框中单击"mainFrame"框架，使该框架处于选中状态，如图 7-60 所示。选择了"mainFrame"框架之后，在"属性"面板"滚动"下拉列表中选择"自动"命令，如图 7-61 所示。选择了该命令之后，系统会根据页面内容的大小自动添加滚动条。

图 7-60　选择框架　　　　　　　　图 7-61　设置滚动效果

（23）按 Ctrl+S 组合键保存文档，按 F12 键预览效果，可以发现框架上方处于不动状态，而下方会因为页面内容的扩展而自动变成滚屏，如图 7-62 所示。

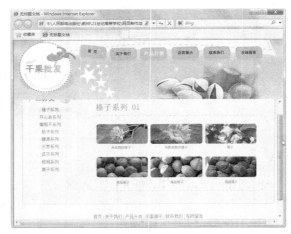

图 7-62　预览页面

3. 制作子页面并添加链接

（1）通过前两节的制作，一个框架集就完成了。接下来将其关闭，然后在站点文件下面重新打开保存过的框架页"bottom.html"文档。

（2）接着选择"文件→另存为"命令，在弹出的对话框中将该文档重新命名为"bottom_1.html"，并单击"保存"按钮将其保存。

（3）编辑"bottom_1.html"文档，将它制作成与主页相关的一个子页面效果，如图 7-63 所示。具体样式可以根据网页的实际需要制作，这里就不再细述。

（4）编辑好子页之后，选中子页面下方的文字"首页"，然后在"属性"面板中，单击"链接"选项右侧的"浏览文件"按钮 📁，在弹出的对话框中选择"index.html"文档，如图 7-64 所示。

（5）通过上述步骤的操作，为该子页面添加了一个链接路径，使得它在预览的时候可以重新返回到"index.html"页面中。

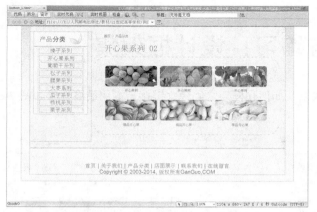

图 7-63　编辑子页面　　　　　　　　　　图 7-64　选择链接路径

（6）保存"bottom_1.html"文档后，打开整个框架集，即"index.html"文档。在该文档中选中底部框架页左侧的文字"开心果系列"，如图 7-65 所示，在"属性"面板中，单击"链接"选项右侧的"浏览文件"按钮　，在弹出的对话框中选择"bottom_1.html"文档，在"目标"下拉列表中选择"mainFrame"作为文档将要出现的位置，如图 7-66 所示。

图 7-65　选中文字　　　　　　　　图 7-66　设置超链接

提示　　为文档设置目标位置很重要，这决定了链接后的文档将在哪个框架中出现，如果不做选择，链接文档可能会出现在不该出现的框架中。

（7）按 Ctrl+S 组合键保存文档，按 F12 键预览效果，通过文字，可以看到子页面出现在下方的框架中，而上方的框架始终保持不变，如图 7-67 所示。

图 7-67　最终效果

7.4　实践与练习：设计框架集

本练习的重点是掌握框架的使用方法以及如何在框架之间建立链接。本例最终效果如图 7-68 所示。

图 7-68　预览效果

1．创建框架集

（1）当一个页面在作图软件中被设计完成后，根据设计的需要可以决定它在 Dreamweaver CS5 中的样式。例如图 7-69 所示的页面，设计的思路就是让该页面的上方、下方和左侧图像始终保持不变，而只想使右侧内容发生变化。

（2）根据设计思路，这个页面使用框架集可以达到设计者要求的效果。现在就到 Dreamweaver 中创建一个框架集。

（3）首先创建一个新文档，单击"插入"面板"常用"选项卡中的"布局"按钮 ，在弹出的菜单中选择"顶部和嵌套左侧框架"选项，创建一个新的框架集，再在已经存在的框架上拆分出新的框架，如图 7-70 所示。

（4）选择了框架样式之后，会弹出一个对话框，在该对话框中可以为每个框架指定一个新的标题，这里保持默认状态即可，如图 7-71 所示。

图 7-69　页面布局　　　　图 7-70　选择框架样式　　　　图 7-71　为框架命名

（5）选择了框架样式后，在文档窗口中可以发现该文档被分割成了上、左、右三部分，如图 7-72 所示。

（6）接下来将鼠标放置在最底部框架线上，单击鼠标并向上拖曳鼠标，进行拆分框架，如图 7-73 所示。

图 7-72　创建新框架

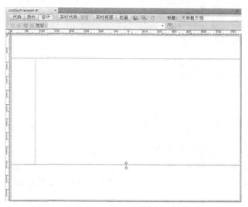

图 7-73　拆分框架效果

（7）执行了拆分之后，可以发现最底部拆分出一行框架。此时再选择"窗口→框架"命令，在弹出的"框架"面板中，可以看到一个未命名的新框架被创建出来，如图 7-74 所示。

（8）在"框架"面板中，选中没有名称的新框架，然后在"代码"视图中，输入"name=bottommFrame"，为其重新定义名称为"bottommFrame"，这时会观看到"框架"面板中出现刚输入的名称，如图 7-75 所示。

图 7-74　选择框架

图 7-75　为框架命名

（9）完成后回到文档窗口中，可以通过拖曳框架的边框来修改各框架在文档中所占的位置比例，如图 7-76 所示。

（10）将鼠标指针置入顶部的框架中，然后选择菜单栏"文件→保存框架"命令，将该框架命名为"top.html"进行保存，如图 7-77 所示。

（11）接下来分别将光标置入左侧、右侧和下方框架中，并分别将它们保存成名为"left.html"、"right.html"和"bottom.html"的文档。

（12）完成单个框架的保存工作之后，接下来在"框架"面板中，单击整个框架的边缘，选中整

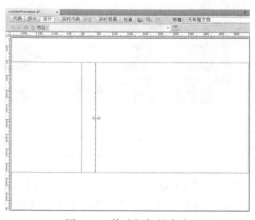

图 7-76　修改框架的宽度

个框架集，如图 7-78 所示。

（13）选中整个框架集之后，选择菜单栏"文件→框架集另存为"命令，将整个框架集命名为"index.html"后进行保存。

图 7-77　分别保存框架　　　　　　　　　　图 7-78　选中整个框架集

2. 表格布局并插入相关内容

（1）在前一节中通过自定义的方式，创建好了一个框架集。接下来在每个框架中添加相应的图像和文字信息，这里就不再细述表格的绘制和图像的插入过程。设置好后的效果如图 7-79 所示。

（2）完成图像和文字的制作之后，接下来打开"right.html"文档，并在文档窗口中插入需要的内容，如图 7-80 所示。继续制作子页面，创建 1 个新文档，并将其制作成简单的正文页面，作为子页面效果，这里命名为"right_1.html"，如图 7-81 所示。

图 7-79　在每个框架中添加内容

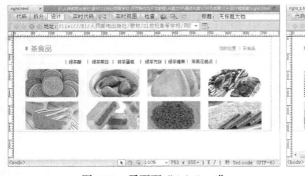

图 7-80　子页面"right.html"　　　　　　　　图 7-81　子页面"right_1.html"

（3）制作好这两个子页面之后，打开首页"index.html"文档，选中左侧框架页中的文字"茶食品"，如图 7-82 所示，然后单击"属性"面板"链接"选项后面的"浏览文件"按钮，在弹出的"选择文件"对话框中选择"right.html"文档作为该文档的返回处,"目标"选项的下拉列表中选择"mainFrame"选项,作为页面显示的区域窗口,"属性"面板,如图 7-83 所示。

图 7-82 选中文字

图 7-83 输入链接路径及显示区域

(4)创建好"茶食品"文字的超链接后,下面用相同的方法为左侧框架页中的文字"茶具"创建超链接,链接至"right_1.html"页面,同时设置"目标"为"mainFrame",如图 7-84 所示。

图 7-84 输入链接路径及显示区域

(5)最后保存各网页,注意要将它们都存放在一个根文件夹下面,以便统一管理。预览框架集,即预览主页"index.htm"文档,观察最后效果,如图 7-85 所示。用鼠标单击文字"茶具",右边窗口中会显示"right_1.html"文档,如图 7-86 所示。

图 7-85 预览效果

图 7-86 跳转子页面效果

小　结

本章介绍了利用框架进行网页布局和定位的方法。框架的作用是把浏览器的显示空间分割为几个部分,每个部分都可以独立显示不同的网页。此外需要理解的是如何指定链接的目标窗口,当需要在某一个框架窗口中单击一个超级链接,而在另一框架窗口中显示目标页面时,就要为目标框架设置名称，并在链接的"<a>"标签中通过"target"属性指定目标框架窗口。

练 习

7-1 在 Dreamweaver 中，要在上一级框架窗口中打开链接，那么目标窗口设置应该为（ ）。

（A）_blank

（B）_parent

（C）_self

（D）_top

7-2 一个框架集中可以包含多个页面。要选中其中任意一个页面，可以（ ）。

（A）单击所要选中的框架页面

（B）单击"框架"面板中的代表图像

（C）按下 Shift 键并用鼠标在所要选中的框架上单击

（D）单击所要选中的框架的左上角

7-3 "frame"在 HTML 表示的是"框架"。下面关于框架的构成及设置的说法错误的是( )。

（A）框架不能嵌套

（B）将一个页面插入框架时，可以将原来的页面定义成主框架的内容

（C）框架集网页用于定义框架的结构

（D）可以将框架排列成"目"字形

7-4 制作一个由框架组成的页面。参考效果如图 7-87 所示，素材在"Ch07→素材→练习 7-4 →images"文件夹中。

图 7-87 习题 7-4 图

要求：

（1）该页面要求由上、左、右下 3 个框架构成；

（2）素材中提供的图像需要放置到网页上面的框架中；

（3）页面中的左方框架中的图像需要创建超链接，同时设置页面在右侧页面中显示。

第8章
模板与库

使用模板创建文档可以使网站和网页具有统一的结构和外观，如果有多个网页想要用统一风格来制作，用"模板"是一种有效便捷的方法。

模板实质上就是作为创建其他文档的基础文档。在创建模板时，可以决定哪些网页元素应该长期保留，不可编辑，哪些元素可以编辑和修改。然后通过模板创建出风格相同的网页来。

8.1　模　　板

模板和库是 Dreamweaver CS5 中提供的一种机制，能够帮助网页设计师快速制作大量布局相似的网页。这在建设网站时十分重要。

通常在一个网站中，可能有几十甚至几百个页面，然而并非每个页面的布局都不相同。一般来说，页面被分为若干级。首页是第一级，它是网站的门户，因此一般是独一无二的。跟首页相链接的页面就是二级页面，二级页面中一般分为若干个栏目，与每一个栏目相链接的页面就是三级页面。当然还可以有更多的层次，这样内容相似的页面往往使用相同的布局，各页面之间不同的部分只是具体内容。

8.1.1　认识模板

模板具有以下优点。

（1）风格一致，看起来比较系统，也省去了重复劳动的麻烦。

（2）如果要修改共同的页面元素，则不必一个一个地修改，只要更改应用它们的模板就可以了。

（3）免除了以前没有此功能时还要常常"另存为"；否则一不小心容易覆盖重要档案的困扰。

例如图 8-1 所示的是为一个假想的公司制作的网站首页，通过它可以链接到若干个二级页面中。

从图 8-1（b）中可以看到，不同的二级页面的布局是相同的。仔细观察这个页面可以看出，如果把一些标题和文字内容隐藏起来，如图 8-2 所示，二者是完全相同的。由此，我们可以想象，如果我们制作一个如图 8-2 所示的模板页面，那么基于它就可以方便地批量制作出很多布局相同的网页了。

（a）首页

（b）不同的二级页面

图 8-1　网页的不同页面

图 8-2　模板页面

Dreamweaver CS5 的模板提供了这样的功能：把网页的布局与内容分离，布局设计好之后，存储为模板，相同布局的页面通过模板创建。Dreamweaver CS5 同时提供对布局的保护功能以及对所有页面的快速更新能力。

8.1.2 制作模板

制作模板与制作普通页面完全相同，只是通常并不把页面的所有部分都完成，而只是制作导航栏和标题栏等各个页面的公有部分。这些部分一般在网页的四周，而把中间留给每页的具体内容。

例如这里已经制作了一个页面，如图 8-3 所示。页面的大部分已经完成了，如导航栏等，因为这些部分对很多页面是相同的。还有 4 个部位是空白的，在图中用线框表示。这些区域在模板中是空白的，将来基于模板创建出一个个页面以后，在各个页面中放置具体内容。

这个页面目前和普通的网页文件没有什么不同，下面就来介绍如何把它变为模板，以及如何使用模板。

如果"资源"面板没有打开，就选择"窗口→资源"命令，打开"资源"面板，并单击面板左侧的"模板"按钮，如图 8-4 所示。在这个面板的"模板"列表框中将列出站点中的所有模板，目前还是空的，因为还没有模板。

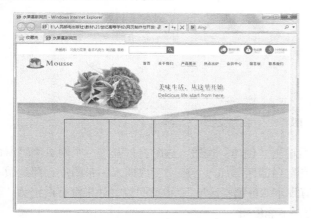

图 8-3 制作模板网页

图 8-4 "资源"面板

现在回到刚才制作好的那个网页，选择"文件→另存为模板"命令，这时会弹出"另存模板"对话框，首先在最上面的下拉列表框中确定要为哪个站点制作模板，当然目前只有一个站点，然后在"另存为"文本框中为这个模板起一个名字，如图 8-5 所示。最后单击"保存"按钮，这个页面就保存为模板了。现在再观察"资源"面板，"模板"列表框，如图 8-6 所示，其中已经列出了刚才保存的模板。

图 8-5 "另存模板"对话框

图 8-6 另存之后的"资源"面板

8.1.3　使用模板

上面创建了一个模板，并保存好了，现在来尝试使用这个模板。首先来学习用这个模板创建一个新的网页。选择"文件→新建"命令，这时会弹出"新建文档"对话框，在对话框中选择最左侧选项列表中的"模板中的页"选项，如图 8-7 所示。可以看"站点"选项列表中显示所有站点；"站点"本科网页 1 素材"的模板"选项列表中会显示选中站点中的所有模板，最右面是选中的模板的缩略图。

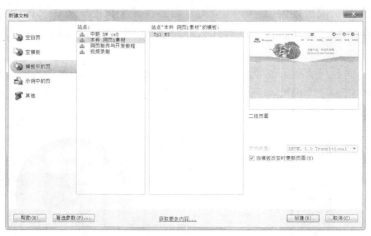

图 8-7　"新建文档"对话框

现在选中"Tpl MS"模板，然后单击"创建"按钮，这时就打开了一个网页编辑窗口。但是如果这时试图编辑这个网页，例如在空白的区域加入一些文字或插入一张图片，都是做不到的，这是因为，刚才制作模板的时候没有设定"可编辑区域"，也就是说，如果没有设定为"可编辑区域"，网页上的任何内容都是锁定的，不能编辑。

因此现在需要修改模板文件，为它设定可编辑区域。在"资源"面板，"模板"列表中，用鼠标双击"Tpl MS"模板的缩略图，会打开"模板"相应的"文档"窗口，如图 8-8 所示。可以看到这个页面实际上是由一个表格构成的，有一些单元格，目前是空白的，这里的任务就是把这些空白的单元格设置为"可编辑区域"。

图 8-8　打开"Tpl MS"模板

　　这时在需要的单元格中，用鼠标在下方表格第 1 列单元格中单击一下，然后单击鼠标右键，在弹出的快捷菜单中选择"模板→新建可编辑区域"命令，或按 Ctrl+Alt+V 组合键。这时出现询问新建的可编辑区域的名称的对话框，这里使用默认名称，直接单击"确定"按钮。每一个可编辑区域都会出现一个蓝色的标签，这个标签只出现在编辑窗口中，不会出现在最终的网页上。

　　这样就设定好了一个可编辑区域。同样可以设定另一个可编辑区域，当设置好全部 4 个可编辑区域以后，效果如图 8-9 所示。

图 8-9　设定可编辑区域

　　可以看到，在所有可编辑区域上都有一个标签说明了它们是可编辑区域。这时保存文件，再回到刚才由"Tpl MS"模板生成的网页文件，可以看到，它已经自动更新了，包含了两个可编辑区域。

　　如果此时打开"HTML"面板，就可以看到代码的颜色都成了灰色，表示不可编辑，只有在可编辑区域的位置有一些文字不是灰色的，代码如下：

```
<td>
    <!-- InstanceBeginEditable name="EditRegion3" -->EditRegion3
    <!-- InstanceEndEditable -->
</td>
```

　　<td>标签定义的单元格就是下方表格第 1 列单元格的那个。在这个单元格中，夹在注释语句"<!—InstanceBeginEditable name="EditRegion3" -->"和"<!-- InstanceEndEditable -->"之间的内容是可编辑的，其余内容是不可编辑的。是否"可编辑"是指由模板创建的新文档是否可编辑，模板中的内容是随时都可编辑的。

　　这样就可以在可编辑的单元格里面插入任何内容了。在设定好可编辑区域的内容后选择"文件→保存"命令，保存所做的修改，这样一个页面就做好了。通过这种方法，可以很快地制作出很多布局形式相同而内容不同的网页，可以大大提高网页制作的效率。

注意

　　在创建可编辑区域时要注意的几点。

　　（1）如果页面上有表格，可以将整个表格或者某个单元格标签为可编辑区域，不过一次只能设置一个单元格。在上面的例子里就是分别把 4 个单元格设为可编辑区域了。

　　（2）如果要将原来的可编辑区域变为不可编辑区域，可以选择"修改→模板→删除模板标记"命令。

　　设置了可编辑区域以后，再由模板创建的网页，只有设置为可编辑区域的部分才可以修改，其他部分就不能修改了。

8.1.4　修改模板以更新文档

前面介绍了使用模板的基本步骤，概括起来就是先制作一个普通的页面，但是这个页面的某些部分是空白的，然后把它保存为模板，并进行编辑，主要的工作就是为它设定若干个可编辑区域，这样模板就建好了。在使用的时候，先由模板创建网页，然后在可编辑区域里面添加上适当的内容就可以了。

模板的作用还不仅于此，它还有更大的作用。事实上，建立网站并不是一劳永逸的事，网页可能会更新，甚至栏目也有可能要增加，如果很多网页不是使用同一个模板创建的，那么手工逐个修改页面使新旧页面保持一致将是十分烦琐的事。Dreamweaver CS5 提供的自动更新所有网页的功能解决了这个问题。

例如，当我们已经基于上面制作的模板创建了若干网页以后，希望将这几个网页的下方部位表格添加边框效果，这样使得它更为突出，如图 8-10 所示。

这时，就可以编辑模板文件，请读者记住，模板文件的任何部分都是可以编辑的。在修改好之后，保存文件，这时会自动出现一个"更新模板文件"对话框，如图 8-11 所示。

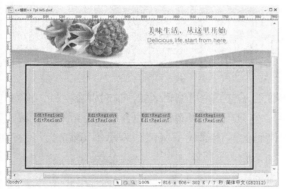
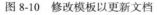

图 8-10　修改模板以更新文档　　　　　　　图 8-11　"更新模板文件"对话框

这时再提示用户，有若干网页是基于这个模板创建的，如果用户希望这些文件都跟随模板文件一起改变，这里单击"更新"按钮即可。这样所有的网页也都随之更新了。

8.1.5　将文档和模板分离

使用模板创建文档，或对一个已经存在的文档应用了模板之后，该模板和所有使用了该模板的文档之间就建立了一种链接关系。当模板的内容被更改之后，所有应用该模板的文档也会被自动更新，而不用将这些文档一一打开加以编辑。

将模板应用到页面上之后，可编辑区域的位置和所有的不可编辑区域都是不可更改的。如果想要修改它们，可以有两种方法：一种方法是更改该页面的模板；另一种方法是将页面和模板分离，这样就可以修改页面上的任何部分。但是，当页面和模板分离之后，如果模板被更新，由于页面和模板已经脱离了链接关系，所以页面将不被自动更新。

要将页面和模板分离，只需打开文档，然后选择"修改→模板→从模板中分离"命令，页面上所有的部分就都变成可编辑的了。

但是需要注意的是，一旦一个文档和模板分离以后，当这个模板被更新时，文档也就不会自动更新了。

8.1.6 将模板应用到已经存在的文档

Dreamweaver 还提供了一个非常有用的功能，就是可以把模板应用到已经存在的网页文档中，当然这要求该文档要符合一定的要求。

首先来想一想，这个功能有什么实际的用处呢？它实现了网页的形式与内容的分离，可以在保持内容不变的情况下，更新网页的形式。比如，要为一个饮料公司做网站，那么冬季和夏季的网页颜色、风格应该有所不同，冬季的网页应该使人觉得温暖；而夏季的网页应该使人感到凉爽。如果可以像给手机换彩壳一样给网页"换壳"就方便多了。Dreamweaver CS5 就可以实现这个功能。

要说明的是，要实现网页更换模板的前提条件就是两个模板的可编辑区域——对应。这样原来网页里的可编辑区域里的内容到了新模板里才可正确显示。

要将模板应用到已经存在的文档，可以用下面 3 种方式之一。

（1）打开已经存在的文档，选择"修改→模板→应用模板到页"命令，这样会弹出"选择模板"对话框，在对话框的"模板"列表中选择一个模板，然后单击"选定"按钮。

（2）打开已经存在的文档和"资源"面板的模板项，在面板中选择模板并将它拖放到"文档"窗口中。

（3）打开已经存在的文档和"资源"面板的模板项，在面板中选择模板并单击 应用 按钮，将模板应用到文档中。

在应用模板到已经存在的文档中之前，Dreamweaver CS5 会比较该文档新旧两个模板的可编辑区域的名字，找到与新模板名字相同的可编辑区域，并用新模板中的内容来替换原来模板中相同名字的可编辑区域中的内容。如果原来的模板中存在与新模板不同名的可编辑区域，或者原来文档中的内容与新模板的各个区域不匹配，Dreamweaver CS5 会弹出一个对话框询问如何处理这些不匹配的内容，用户可以在该对话框中选择新模板的一个可编辑区域来接纳这些不匹配的内容。

这里仅做一个简单的演示，实验一下这个功能。先用布局模式建立一个最简单的页面，如图 8-12 所示。

（1）这个页面包括了一个表格，表格里面有 4 个单元格。选中其中的一个单元格，然后单击鼠标右键，在弹出的快捷菜单中选择"模板→新建可编辑区域"命令，这时会出现一个提示框，提示加入一个可编辑区域以后，这个文档将自动转换为模板，如图 8-13 所示。

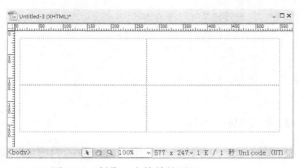

图 8-12　制作一个简单的页面

图 8-13　提示这个文档将被转换为模板

（2）单击"确定"按钮，这时，又会弹出"新建可编辑区域"对话框，在"名称"选项的文本框中输入可编辑区域的名字，这里使用默认值，单击"确定"按钮，这样就加入了一个可编辑区域。

同样，将这 4 个单元格都设置为"可编辑区域"。

注意 要使这 4 个可编辑区域的名称和上面例子中的模板的可编辑区域一一对应。

（3）设定好 4 个可编辑区域以后，保存文件，这样就又做好了一个模板，命名为"Tpl"，然后按照前面介绍的方法，由这个模板创建一个网页，分别在 4 个可编辑区域中填入一些文字，效果如图 8-14 所示。

图 8-14　转换成模板后的文档

（4）下面要进行更换模板的关键步骤了。打开"资源"面板，并显示"模板"列表框。选中前面制作好的"Tpl MS"模板，然后单击面板左下角的"应用"按钮，这就是要把"Tpl"模板应用于这个网页了，如图 8-15 所示。

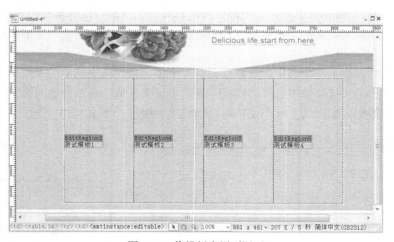

图 8-15　将模板应用到网页

可以看到，这个页面现在使用了上面制作的模板，并且各个可编辑区域中的内容依然保持着相应的内容，这就是将模板应用到一个文档的效果。通过它可以使一个网页非常方便地更换完全不同的模板。

但是要注意的一点，如果一个网页的原模板和新模板的可编辑区域之间有不一致的情况，则将会出现冲突。例如，现在假设在网页中的第 4 个可编辑区域的名称不是"EditableRegion6"，而是"ER6"，那么这时在将模板应用到文档时，将会出现如图 8-16 所示的对话框。

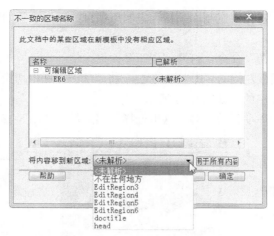

图 8-16　"不一致的区域名称"对话框

（5）可以看到，在这个对话框的列表框中列出了"ER6"可编辑区域，它的后面注明"未解析"，这是因为"ER6"在"Tpl"模板中找不到匹配的区域，而其他 3 个可编辑区域找到了匹配的区域，就没有被列出来。

在这个对话框中，选中"ER6"，然后在如图 8-16 所示的下拉列表框中进行选择。如果选择"不在任何地方"，表示放弃"ER6"区域中的内容；如果选择其他的可编辑区域的名称，表示把"ER6"区域中的内容加入到相应的可编辑区域中。此外，还有 doctitle 和 head 是模板中的另外两个可编辑区域，当任何一个文档在转换成模板时，Dreamweaver CS5 都会自动设定这两个可编辑区域，目的是修改页面的标题和头部的信息。

8.2　库

除了模板之外，Dreamweaver CS5 还提供了另外一种网页元素重复使用的机制，称为"库"。Dreamweaver CS5 允许把网站中需要重复使用或需要经常更新的页面元素（如图像、文本或其他对象）存入库中，存入库中的元素称为"库项目"。

如果和模板作一个比较，模板适用于整个网页布局相同的若干网页，而库适用于某个局部多次出现在不同网页中的情况。

需要时，可以把库项目拖放到文档中。这时，Dreamweaver CS5 会在文档中插入该库项目的HTML 源代码的一份拷贝，并创建一个对外部库项目的引用。这样，通过修改库项目，然后选择"修改→库→更新当前页面"、"修改→库→更新页面"命令，即可实现当前页面或整个网站各页面上与库项目相关内容的一次性更新，既快捷又方便。

8.2.1　创建库项目

Dreamweaver 允许用户为每个站点定义不同的库。它将库项目存放在每个站点的本地根目录下的 Library 文件夹中，扩展名为".lbi"，而将所有的模板文件都存放在站点根目录下的 Templetes 子目录中，扩展名为".dwt"。

在使用库项目之前，首先要定制库项目。定制库项目的操作步骤如下。

（1）打开一个文档。

（2）选择"窗口→资源"命令，打开"资源"面板。

（3）单击"资源"面板左侧的"库"按钮，将"资源"面板切换到"库"页，可以看到在定制之前"库"中内容是空的，如图8-17所示。

（4）选中需要定制为库项目的内容，这里选择一幅图片，如图8-18所示。

图8-17　"库"面板

图8-18　选择库项目的内容

（5）将选定的对象拖曳到"库"面板中，如图8-19所示。

（6）返回到"库"面板中，可以看到刚才定制的库项目，刚刚创建的库项目名称处于可编辑状态，可以为库项目重命名，如图8-20所示。

图8-19　创建库项目

图8-20　定制后的"库"面板

在"库"面板中可以看到库的名称、大小和完整路径等属性，在资源管理器中访问定义的站点文件夹，可以看到在站点根目录下新建了一个Library文件夹，用于放置库项目，刚才创建的库项目被保存到该文件夹下，文件名为logo.lbi。

此外，还可以通过以下两种方法创建库项目。

（1）在文档中选择需要创建为库项目的部分，单击"资源"面板下方的"新建库项目"按钮。

（2）在文档中选择需要创建为库项目的部分，选择"修改→库→增加对象到库"命令。

8.2.2　操作库项目

使用"库"面板可以编辑库项目的内容。

1. 重命名库项目

对于创建的库项目，可以为其重命名，在"库"面板中单击库项目的名称，则库项目处于可编辑状态，为库项目输入新的名称"logo1"，刷新后会打开"更新文件"对话框，如图 8-21 所示。

图 8-21　"更新文件"对话框

如果要更新站点中所有使用该项目的文档，可以单击"更新"按钮，如图 8-21 所示；如果要避免更新任何使用该项目的文件，可以单击"不更新"按钮。

在"代码"视图中也可以直接更新文件，将 index.html 文件切换到"代码"视图，可以看到刚刚创建的库项目，与以前的网页相比，含有库项目的网页在"<body>"和"</body>"标签之间增加了如下代码：

```
<!-- #BeginLibraryItem "/Library/logo1.lbi" -->
<img src="images/logo.jpg" width="200" height="73" alt="">
<!-- #EndLibraryItem -->
```

将以上代码中的 logo 更改为 logo1 即可手工更新页面文档。

2. 编辑库项目

对于已经存在的库项目，可以进行进一步的编辑。

选择"窗口→属性"命令，打开"属性"面板，可以看到"属性"面板由图像的属性项变为库项目的属性项，如图 8-22 所示。

图 8-22　库项目"属性"面板

被定义为库项目的含有链接的图像就不再能够通过该"属性"面板设置属性，如果想要编辑库项目的内容，必须将库项目的内容打开。打开库项目可以通过以下几种方法。

（1）在"库"面板中，选中需要打开的库项目，然后单击"编辑"按钮 📝。

（2）在"库"面板中，双击需要打开的库项目。

（3）在文档中选中库项目，然后在库项目的"属性"面板中单击"打开"按钮。

打开后的库项目如图 8-23 所示。在打开的库项目文档中，选中库项目文档中的内容，这里选择文档中的图片，"属性"面板就会展示出图像的属性项，在"属性"面板中可以设置该图像的属性。当然，也可以在库项目文档中插入其他的图像或者文本。编辑完成后，选择菜单栏中的"文件→保存"命令，将库项目保存，这时会打开"更新库项目"对话框，如图 8-24 所示。

图 8-23　打开库项目

图 8-24　"更新库项目"对话框

单击"更新"按钮，更新列出的使用库项目的文件。更新完毕后，打开"更新页面"对话框，汇报更新页面的情况，如图 8-25 所示。单击"关闭"按钮，完成更新操作。更新后的页面效果如图 8-26 所示。

图 8-25　"更新页面"对话框

图 8-26　更新库项目后的页面效果

3．更新整个站点或所有使用特定库项目的文档

若要更新整个站点或所有使用特定库项目的文档，操作方法如下。

（1）选择"修改→库→更新页面"命令，出现"更新页面"对话框，如图 8-27 所示。

（2）在"查看"下拉列表框中执行下列操作之一。

① 选择"整个站点"选项，然后从相邻的下拉列框中选择站点名称。这会更新所选站点中的所有页面，使其使用所有库项目的当前版本。

② 选择"文件使用"选项，然后从相邻的下拉列表框中选择库项目名称。这会更新当前站点中使用所选库项目的页面。

图 8-27　"更新页面"对话框

（3）确保在"更新"选项中选中了"库项目"复选框。

（4）单击"开始"按钮，Dreamweaver CS5 按照指示更新文件。如果选中了"显示记录"复选框，Dreamweaver CS5 将提供关于它试图更新的文件的信息，包括它们是否成功更新的信息。

4．删除库项目

若要从库中删除库项目，操作方法如下。

（1）在"资源"面板中，单击面板左侧的"库"按钮 📖。

（2）选择要删除的库项目，单击底部的"删除"按钮 🗑，或者按 Delete 键，然后确认要删除的库项目。

8.2.3 插入库项目

对于创建好的库项目，可以插入到其他文档中使用，具体的操作方法如下。

（1）打开需要插入库项目的文档，或者新建一个空文档。

（2）将光标置于需要插入库项目的位置。

（3）在"库"面板中选中需要插入到文档中的库项目。

（4）单击"库"面板下方的"插入"按钮 插入 ，如图 8-28 所示，或者直接将选中的库项目拖曳到文档中。

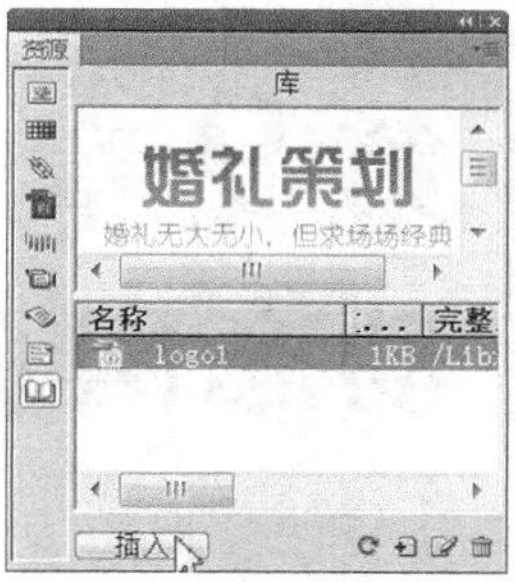

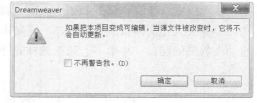

图 8-28 单击"插入"按钮

8.2.4 将库项目与源文件分离

如果想将库项目从源文件中分离出来，可按如下步骤操作。

（1）选中要与文档分离的库项目。

（2）选择"窗口→属性"命令，打开"属性"面板，在"属性"面板中单击"从源文件中分离"按钮，将会弹出警告信息对话框，如图 8-29 所示。

该对话框提示用户，如果确定要将该库项目从源文件中分离，虽然从源文件中分离出来的库项目

图 8-29 警告信息

将变得可编辑，但当库项目的源文件被改变时，库项目将不会自动更新。

小 结

本章介绍了 Dreamweaver CS5 提供的两种网页元素重复使用的机制，它们的作用都是在制作规模比较大的网站时能够提高制作的效率。除了学会使用这两种功能以外，希望读者能够更深入地理解这两种机制的原理，以及它们之间的相同点和不同点，这样在实际工作中才能够更好地利用适当的工具，最快捷高效地完成工作。

练 习

8-1 "可编辑区域"是模板中不可缺少的内容。通过对模板的设置，可以将已有内容定义为可编辑区域。以下说法中正确的是（　　　）。

（A）既可以标签整个表格，也可以标签表格中的某个单元格作为可编辑区域

（B）一次可以标签若干个单元格

（C）表格被标签为可编辑区域后可以随意改变其位置

（D）层的内容被标签为可编辑区域后可以任意修改层的内容

8-2 "模板"和"库"是 Dreamweaver 提供的两个非常重要的功能，请描述一下它们的作用。

第9章
动态网页技术

本章将通过制作翻滚图的介绍引入动态网页技术，主要对添加内置的 Flash 交互对象和使用行为进行介绍，综合运用了各种动态网页制作技术，使读者能够将所学知识融会贯通。在这一章中，读者应重点理解和掌握 Dreamweaver 特有的"行为"概念，它是 Dreamweaver 中最有特色的功能，能大大提高网页制作的效率。通过本章的学习，读者可以掌握几种动态网页技术，制作出有动态效果的网页，将单一、死板的样式变得更加丰富多彩、引人入胜。

9.1　添加内置的 Flash 对象

Adobe 公司开发（原 Macromedia 公司开发）的 Flash 技术是当前网络上传输矢量动画的主要解决方案。在 Dreamweaver 中使用 Flash 命令之前，应先熟悉下面两个 Flash 的不同文件格式。

Flash 文件（.fla）是 Flash 程序的源文件。这种格式的文件只能在 Flash 中打开，而不能在 Dreamweaver 或者其他的浏览器中打开。可以先在 Flash 中打开源文件，然后将它输出成为 SWF 格式的文件，这样就可以在播放器中打开并输出该动画。

Flash 动画文件（.swf）是一种压缩的 Flash 文件格式。它被优化以利于在网络上观看和传输。这种格式的文件可以在专门的浏览器中打开，并且可以在 Dreamweaver 中预览，但是它不能在 Flash 中编辑。

9.1.1　插入 Flash 动画

Dreamweaver CS5 提供了使用 Flash 对象的功能，虽然 Flash 中使用的文件类型有 Flash 源文件(.fla)、Flash SWF 文件(.swf)、Flash 模板文件(.swt)，但 Dreamweaver CS5 只支持 Flash SWF(.swf)文件，因为它是 Flash (.fla) 文件的压缩版本，已进行了优化，便于在 Web 上查看。

在网页中插入 Flash 动画的具体操作步骤如下。

（1）在文档窗口的"设计"视图中，将插入点放置在想要插入影片的位置。

（2）通过以下几种方法启用"Flash"命令。

在"插入"面板"常用"选项卡中，单击"媒体"展开式工具按钮 ![按钮]，选择"SWF"选项 ![按钮]。

选择"插入→媒体→SWF"命令，或按 Ctrl+Alt+F 组合键。

在弹出的"选择 SWF"对话框中，选择一个后缀为".swf"的文件，如图 9-1 所示，单击"确定"按钮完成动画的插入。此时，Flash 占位符出现在文档窗口中，如图 9-2 所示。

图 9-1 "选择 SWF" 对话框

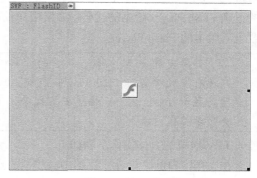

图 9-2 插入动画的显示

（3）当动画插入之后，在 Dreamweaver CS5 的文档窗口中也可预览动画效果，选中要预览的动画，在"属性"面板中，单击"播放"按钮 ▷ 播放 ，测试效果，如图 9-3 所示。

图 9-3 预览效果

当网页中包含两个以上 Flash 动画时，要预览所有的 Flash 内容，可以按 Ctrl+Alt+Shift+P 组合键。

9.1.2 插入 FLV 视频

在网页中可以轻松添加 FLV 视频，而无需使用 Flash 创作工具。但在操作之前必须有一个经过编码的 FLV 文件。使用 Dreamweaver 插入一个显示 FLV 文件的 SWF 组件，当在浏览器中查看时，此组件显示所选的 FLV 文件以及一组播放控件。

Dreamweaver 提供了以下选项，用于将 FLV 视频传送给站点访问者。

"累进式下载视频"选项：将 FLV 文件下载到站点访问者的硬盘上，然后进行播放。但是，与传统的"下载并播放"视频传送方法不同，累进式下载允许在下载完成之前就开始播放视频文件。

"流视频"选项：对视频内容进行流式处理，并在一段可确保流畅播放的很短的缓冲时间后在网页上播放该内容。若要在网页上启用流视频，必须具有访问 Adobe® Flash® Media Server 的权限，必须有一个经过编码的 FLV 文件，然后才能在 Dreamweaver 中使用它。可以插入使用以下两种编解码器（压缩/解压缩技术）创建的视频文件：Sorenson Squeeze 和 On2。

与常规 SWF 文件一样，在插入 FLV 文件时，Dreamweaver 将插入检测用户是否拥有可查看视频的正确 Flash Player 版本的代码。如果用户没有正确的版本，则页面将显示替代内容，提示用户下载最新版本的 Flash Player。

若要查看 FLV 文件，用户的计算机上必须安装 Flash Player 8 或更高版本。如果用户没有安装所需的 Flash Player 版本，但安装了 Flash Player 6.0 r65 或更高版本，则浏览器将显示 Flash Player 快速安装程序，而非替代内容。如果用户拒绝快速安装，则页面会显示替代内容。

插入 FLV 对象的具体操作步骤如下。

（1）在文档窗口的"设计"视图中，将插入点放置在想要插入 FLV 的位置。

（2）通过以下几种方法启用"FLV"命令，弹出"插入 FLV"对话框，如图 9-4 所示。

在"插入"面板"常用"选项卡中，单击"媒体"展开式工具按钮，选择"FLV"选项。

选择"插入→媒体→FLV"命令。

设置累进式下载视频的选项作用如下。

"URL"选项：指定 FLV 文件的相对路径或绝对路径。若要指定相对路径（例如，mypath/myvideo.flv），

图 9-4　"插入 FLV"对话框

则单击"浏览"按钮，导航到 FLV 文件并将其选定。若要指定绝对路径，则输入 FLV 文件的 URL（例如，http://www.example.com/myvideo.flv）。

"外观"选项：指定视频组件的外观。所选外观的预览会显示在"外观"弹出菜单的下方。

"宽度"选项：以像素为单位指定 FLV 文件的宽度。若要让 Dreamweaver 确定 FLV 文件的准确宽度，则单击"检测大小"按钮。如果 Dreamweaver 无法确定宽度，则必须输入宽度值。

"高度"选项：以像素为单位指定 FLV 文件的高度。若要让 Dreamweaver 确定 FLV 文件的准确高度，则单击"检测大小"按钮。如果 Dreamweaver 无法确定高度，则必须输入高度值。

"包括外观"是 FLV 文件的宽度和高度与所选外观的宽度和高度相加得出的和。

"限制高宽比"复选框：保持视频组件的宽度和高度之间的比例不变。默认情况下会选择此选项。

"自动播放"复选框：指定在页面打开时是否播放视频。

"自动重新播放"复选框：指定播放控件在视频播放完之后是否返回起始位置。

设置流视频选项的作用如下。

"服务器 URI"选项：以 rtmp://www.example.com/app_name/instance_name 的形式指定服务器名称、应用程序名称和实例名称。

"流名称"选项：指定想要播放的 FLV 文件的名称（如 myvideo.flv）。扩展名.flv 是可选的。

"实时视频输入"复选框：指定视频内容是否是实时的。如果选择了"实时视频输入"，则 Flash Player 将播放从 Flash® Media Server 流入的实时视频流。实时视频输入的名称是在"流名称"文本框中指定的名称。

提示

如果选择了"实时视频输入"，组件的外观上只会显示音量控件，因为您无法操纵实时视频。此外，"自动播放"和"自动重新播放"选项也不起作用。

"缓冲时间"选项：指定在视频开始播放之前进行缓冲处理所需的时间（以秒为单位）。默认的缓冲时间设置为 0，这样在单击了"播放"按钮后视频会立即开始播放。如果选择"自动播放"，则在建立与服务器的连接后视频立即开始播放；如果要发送的

视频的比特率高于站点访问者的连接速度，或者 Internet 通信可能会导致带宽或连接问题，则可能需要设置缓冲时间。例如，如果要在网页播放视频之前将 15s 的视频发送到网页，请将缓冲时间设置为 15。

（3）在对话框中根据需要进行设置。单击"应用"或"确定"按钮，将 FLV 插入到文档窗口中，此时，FLV 占位符出现在文档窗口中，如图 9-5 所示。

图 9-5　插入 FLV 视频

9.2　设置 Flash 对象的属性

在按照上面介绍的步骤给网页加入 Flash 对象以后，还可以通过"属性"面板设置 SWF 文件的所有属性。选择"窗口→属性"命令，打开"属性"面板，如图 9-6 所示。

图 9-6　"属性"面板

在"属性"面板中可以设定下面这些属性。

（1）宽和高：指定了对象的宽度和高度，单位是像素。也可以使用 px（pixel）、pt（point）、in（inche）、mm(millimeter)、cm(centimeter)或者%（相对于父物体宽度和高度的百分比）这些单位。

（2）文件：指定了 Flash 对象的保存路径。单击右侧的"浏览文件"按钮，在弹出的对话框中浏览文件所在位置，或者输入一个路径。

（3）源文件：是指 SWF 动画的源文件.fla 格式的文件。当动画插入之后想要后期编辑的时候，需要制定源文件路径的，如果没有源文件路径是不能编辑的。

（4）背景颜色：指定了对象的背景色。

（5）编辑：单击该按钮可以打开 Flash 对象对话框（必须指定源文件路径）。

（6）类：为 SWF 文件添加样式。

（7）循环：设置动画的循环播放。如果不勾选此选项，则在页面中播放时只播放一次，勾选此选项可无限循环播放。

（8）自动播放：设置动画是否自动播放。

（9）垂直边距和水平边距：指定了按钮上下左右四周的空白空间的像素值。

（10）品质：设置了对象显示质量参数。当参数设置得高时，动画的显示效果更好一些，但是这需要更快的处理器来渲染场景，而且速度也会减慢一些。"低品质"选项将着重考虑速度而牺牲

显示质量，而"高品质"选项将着重考虑显示质量而对速度有所牺牲。"自动低品质"选项将优先考虑速度，并尽可能地提高显示质量；"自动高品质"将优先考虑显示质量，并尽可能提高播放速度。

（11）比例：设置对象的大小缩放属性。它的选择项是"默认（全部显示）""无边框"和"完全匹配"。"默认（全部显示）"使得整个动画在一个指定的区域内都可见，保持原动画的长宽比例，并在动画的两边显示出滚动条。"无边框"选项和"默认（全部显示）"选项很相近，但是在区域的两边不会显示出滚动条，并且在区域外的动画不会显示出来。"完全匹配"选项可以将整个动画在一个区域中显示出来，但是不保证动画原始的长宽比例，即动画可能会变形。

（12）对齐：决定了对象在页面中的对齐方式。

（13）Wmode：设置动画在 Internet Explorer 中是否透明。它的选择项是"窗口""不透明"和"透明"。

（14）播放/停止：使用该按钮可以预览文档窗口中的 Flash 对象。单击绿色的"播放"按钮可以在播放模式下观看对象；单击红色的"停止"按钮可以停止播放动画，并且可以编辑这个对象。

（15）参数：打开"参数"对话框来输入附加的参数。

观看 Flash 动画的播放效果，可按以下操作步骤：

（1）在设计视图中，选择 Flash 动画对象；

（2）在"属性"面板中单击绿色的"播放"按钮；

（3）单击红色的"停止"按钮终止动画的预览。

9.3 "行为"简介

Dreamweaver 中的"行为"实际上是一些 JavaScript 的程序，它由事件和动作两部分组成。动作是特定的 JavaScript 程序，在某个特定的事件发生（如页面加载或者鼠标单击）后，相应的程序就会自动运行。在这一节中，将讲解行为的基本概念，并以几种常用的行为为例，进行详细的说明。

行为是 Dreamweaver 中最有特色的功能，通过使用它，用户可以不用编写 JavaScript 代码，就能制作出需要由数百行代码才能完成的功能。行为的关键在于 Dreamweaver 提供了许多标准的 JavaScript 程序，这些程序被称为动作。每个动作都可以完成特定的任务，这样如果所需要的功能在这些动作中，就不必编写 JavaScript 程序了。另外 Dreamweaver 使用了开放结构，即任何人都可以开发出外挂插件。

9.3.1 "行为"的本质

行为是一系列使用 JavaScript 程序预定义的页面特效工具，是 JavaScript 在 Dreamweaver 中内置的程序库。使用程序库中的脚本或程序，通常鉴于以下两种目的：

（1）通过与服务器的交互执行复杂的数据处理，这通常需要执行服务器端的脚本或程序。

（2）实现简单页面中的交互控制，这就要使用客户端的脚本或程序。

服务器端与客户端的主要差别，就在于脚本或程序放置的位置不同。服务器端的脚本或程序放置在服务器上，如果进行较复杂的数据处理，每次都需要连接到服务器，再从服务器端将处理结果发回到客户端；客户端的脚本或程序被包含在当前的网页中，用户可以直接在网页中进行各种交互控制，而不必连接到服务器端。Dreamweaver 既有客户端的"行为"，也有服务器端的"行为"，但是由于本书面向的是网页设计人员，而非后台的程序开发人员，因此本书重点介绍客户端的"行为"功能，在后面再简要介绍服务器端行为。

客户端的脚本或程序最常用的是 JavaScript 脚本语言，在页面文档中嵌入 JavaScript 脚本语言，可以实现与页面的交互。如果手工编写 JavaScript 脚本，不仅费时费力，容易出错，而且还要先学习如何使用 JavaScript 脚本语言。使用 Dreamweaver 设计网页，不仅可以避免这些麻烦，而且通过 Dreamweaver 中的"行为"功能来实现网页中简单的交互控制，不用书写一行代码，就可以实现丰富的动态页面效果。

通过行为，可以为页面制作出各种各样的动态交互效果，如交换图像、弹出信息和拖动层等效果。行为是 Dreamweaver 中制作绚丽页面的利器，它功能强大，深受网页设计者的喜爱。通过行为，不仅可以构建脚本程序，还可以对创建好的脚本进行管理。如果十分熟悉 JavaScript，Dreamweaver 也允许通过自定义 JavaScript 扩展行为，以便创建更为复杂的 Web 效果。创建行为是富有挑战性的 Dreamweaver 的特性之一，一旦学会使用 Dreamweaver 中的行为，Web 页面将走出千篇一律并且呆板的老样子，实现别出心裁的效果。

9.3.2　"行为"的构成

一般来说，一个"行为"由一个"事件"和一个"动作"所组成。

1．动作

"动作"通常是一段 JavaScript 程序，利用这段程序可以完成相应的任务，比如弹出信息、播放声音和检查浏览器等。在 Dreamweaver 中共内置了若干种默认的动作，用户在不需要编写 JavaScript 代码的情况下，可以直接使用 Dreamweaver 提供的这些动作。同时，Dreamweaver 还具有扩展能力，用户还可以到相关网站上下载更多的动作，安装到 Dreamweaver 中，就可以实现更多的功能。

2．事件

"事件"通常由浏览器所定义，它可以被附加到各种页面元素对象上，也可以被附加到 HTML 标签中，比如附加到"<body>"标签。最常见的事件主要有 onMouseOver，onMouseOut，onClick，onDblClick 和 onDrag 等，它们分别是指当鼠标指针放于其上时、当鼠标指针移开时、单击时、双击时和拖曳时，这些主要是鼠标的操作。除此之外，其他的一些操作也能起到触发动作的事件的作用，比如 onKeyPress 指按键操作时，onLoad 指页面加载时等。

3．事件和动作的组合

将事件和动作结合起来，就构成了"行为"。在插入动作的同时，Dreamweaver 会指定一个常用的事件与动作相配合，比如将 onClick 与一段 JavaScript 代码结合起来，当鼠标单击时，将会执行这段 JavaScript 代码。动作可以通过执行特定程序实现网页交互效果，但是如果动作没有被事件触发，将不会被执行，因为一个完整的行为是由事件和动作共同完成的。

如果读者对"行为"、"事件"和"动作"三者还没有十分清楚的理解，就可以考虑这样一个事例：学生听到上课铃声响起的时候，就会走进教室上课，这里上课铃声响起就是一个"事件"，走进教室上课就是一个"动作"，而二者共同组成的就是一个"行为"。

本章后面的内容，将具体讲解 Dreamweaver 中"行为"的使用方法。

9.4　弹　出　消　息

有时希望访问者一进入首页就看到一些最新消息，可以弹出一个消息框，或显示一些文本，如图 9-7 所示。

打开素材"清凉啤酒网页"文件夹中的"index.html"文件，单击文档窗口左下角的"<body>"

标签，然后选择"窗口→行为"命令，或按 Shift+F4 组合键，打开"行为"面板。在"行为"面板中单击"添加行为"按钮 ﹢，在弹出的菜单中选择"弹出信息"命令，弹出"弹出信息"对话框，在"消息"文本框中输入一些文字，如图 9-8 所示。单击"确定"按钮，此时的"行为"面板如图 9-9 所示。

图 9-7　IE 中弹出的消息框

图 9-8　设定弹出的消息框中的文本

实际上行为是由事件和动作两部分组成的，在"行为"面板中分别列于左右两边。其中动作就是一段 JavaScript 程序，Dreamweaver 可以自动生成，当然用户需要设定一些参数。例如本例中的弹出消息框功能就需要用 JavaScript 来实现，用户需要设定的参数就是要显示的文本内容。当然并非所有动作的参数都这么简单，后面将会看到一些比较复杂的动作。事件是系统定义好的，例如当鼠标移到某个链接上时会发生 onMouseOver 事件。事件起到通知作用，用户先设定好动作，然后指定当何种事件发生时执行该动作就可以了。在本例中，onLoad 就是一个事件，即页面装载完成后执行"弹出信息"动作。可是刚才并没有选择事件，这是因为 Dreamweaver 把此事件作为"弹出信息"动作的默认事件。如果希望在其他情况下弹出消息，可以单击一下 onLoad 行，使之高亮显示，并出现一个下拉列表框，从中选择所需要的事件即可。

保存文档，按 F12 键，在浏览器中预览页面，首页加载完成后就会弹出消息框。如果使用 IE，效果如图 9-10 所示。

图 9-9　加入动作后的"行为"面板

图 9-10　IE 中弹出的消息框

9.5　转到 URL

这个行为可以使浏览器装载新页面，而不必等访问者单击了链接时才跳转。例如当网站更换了地址，就可以把原地址的首页制作成如图 9-11 所示的样子，当访问者浏览此页面时就会从这个页面跳转到新地址。如果访问者用的浏览器不支持这项功能，就可以根据提示单击链接，手动进入新地址。目前绝大多数实际用户都使用支持该功能的浏览器，都可以实现自动跳转。

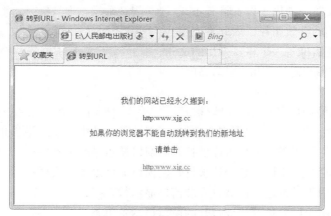

图 9-11　自动跳转到其他地址

操作方法是先制作好如图 9-11 所示的页面，然后选择"窗口→行为"命令，打开"行为"面板，增加一个"转到 URL"行为，如图 9-12 所示。在打开的对话框中输入要跳转到的新地址，然后单击"确定"按钮，此时的"行为"面板如图 9-13 所示。不要更改默认事件"onLoad"。

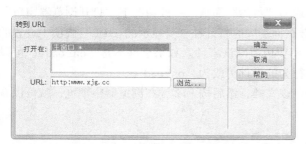

图 9-12　设定跳转到的目标 URL

图 9-13　"行为"面板

9.6　实践与练习：打开浏览器窗口

很多网站为了吸引用户的注意，常常在打开首页的同时弹出一个浏览器窗口，用于显示通知信息和广告信息等。根据设计的不同需要，这些窗口的大小和形态各异。

这种效果通过 Dreamweaver 的"行为"功能十分容易实现，它用到的是"打开浏览器窗口"行为。使用该行为，可以自定义打开文档的窗口形式，比如自定义窗口的尺寸大小，自定义窗口是否具有菜单栏、标准工具栏和地址栏，自定义是否允许用户调整窗口大小等。

打开页面的同时弹出浏览器窗口的实例，可通过以下操作步骤实现。

（1）打开素材"婚戒网页"文件夹中的"index.html"文件。

（2）单击文档窗口左下角的"<body>"标签，选中页面中所有文件，选择"窗口→行为"命令，打开"行为"面板。

（3）然后单击"行为"面板中的"添加行为"按钮 +，，在弹出的菜单中选择"打开浏览器窗口"命令，弹出"打开浏览器窗口"对话框。

（4）在对话框中进行如图 9-14 所示的设置。"要显示的 URL"一项用于设置打开主文档时弹出的页面文档的存放路径，因此事先除了准备主文档外，还需准备一个将要弹出的文档。然后通过设置"窗口宽度"和"窗口高度"来指定窗口的大小。

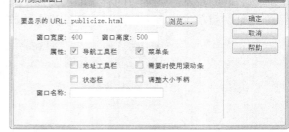

图 9-14 "打开浏览器窗口"对话框

（5）"属性"区域中的各项用于设置被打开的窗口的外观属性，用户可以根据需要选择，"属性"区域中各项的用法介绍如下：

① "导航工具栏"用于设置是否让被打开的窗口显示导航工具栏；

② "地址工具栏"用于设置是否让被打开的窗口显示地址工具栏；

③ "状态栏"用于设置是否让被打开的窗口显示状态栏；

④ "菜单条"用于设置是否让被打开的窗口显示菜单条；

⑤ "需要时使用滚动条"用于设置是否在该文档的内容较多时为页面窗口加上滚动条；

⑥ "调整大小手柄"用于设置是否允许用户手动调整页面窗口的大小。

⑦ "窗口名称"输入新窗口的名称。因为通过 JavaScript 使用链接指向新窗口或控制新窗口，所以应该对新窗口进行命令。

（6）单击"确定"按钮完成设置，返回"行为"面板。一般情况下"打开浏览器窗口"行为的默认事件是"onLoad"，也就是在加载页面的同时打开在"要显示的 URL"选项中设置的页面文档，一般情况下使用的是这种事件，不要更改默认事件。如果事件不是"onLoad"，可以按照前面讲到的方法将"打开浏览器窗口"行为的事件更改为"onLoad"。

（7）选择"文件→保存"命令，保存该文档，然后按 F12 键在浏览器中预览，就可以看到最终的效果了，如图 9-15 所示。

图 9-15 "行为"面板

（8）单击"文档"窗口上方的"代码"按钮 代码 ，将 Dreamweaver 从"设计"视图切换到"代码"视图。

（9）进入"代码"视图，就可以看到"打开浏览器窗口"行为的代码标签，如下所示。

```
<html>
<head>
…………
<!--
<script type="text/javascript">
function MM_openBrWindow(theURL,winName,features) { //v2.0
  window.open(theURL,winName,features);
}
//-->
</script>
</head>
<body onLoad="MM_openBrWindow('publicize.html','','toolbar=yes,menubar=yes,
width=400,height=500')">
…………
```

观察粗体字部分,可以看到"打开浏览器窗口"行为是由 JavaScript 中定义的函数 MM_openBrWindow 控制的。函数定义部分放在"<head>"部分,函数调用部分则放在"<body>" 部分,触发动作发生的事件是 onLoad,MM_openBrWindow 函数后面括号中的参数依次是打开主 文档时弹出的页面文档的存放路径、弹出的浏览器窗口的名称和弹出的浏览器窗口的属性。

9.7 实践与练习:在状态栏显示消息

这个动作与后面的"弹出消息"类似,不同的是如果用消息框显示文本,访问者必须单击消 息框中的按钮,才能继续浏览;而在状态栏显示文本不会影响访问者的浏览,因此通常用 onMouseOver 事件与此动作配合。在状态栏显示消息的实例的制作方法如下。

(1)打开素材"全麦面包网页"文件夹中的"index.html"文件。在"文档"窗口中选中 如图 9-16 所示的图像。

图 9-16 "行为"面板

(2)选中图像后,选择"窗口→行为"命令,打开"行为"面板。

(3)单击"行为"面板中的"添加行为"按钮 ➕,在弹出的菜单中选择"设置文本→设置状 态栏文本"命令,弹出"设置状态栏文本"对话框,在"消息"文本框中输入状态栏消息,如图 9-17 所示。

(4)单击"确定"按钮,此时的"行为"面板如图 9-18 所示。这时可以看到,默认的触发事 件是"onMouseOver",这里选择默认选项。

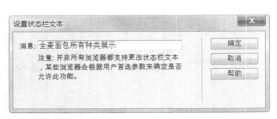

图 9-17　设定状态栏消息的文本　　　　　　　　图 9-18　加入动作后的"行为"面板

（5）保存文档，按 F12 键进入浏览器中进行预览效果，如图 9-19 所示。当鼠标指针移到图像上时，状态栏中就会显示相应的解释，如图 9-20 所示。

图 9-19　预览效果　　　　　　　　　　图 9-20　鼠标经过图像时的预览效果

9.8　实践与练习：交换图像与恢复交换图像

图 9-21 所示是网页通常的显示效果，中间的小鸟图片色调很淡，当鼠标指针移动到小鸟图片的范围内时，图片变清晰，如图 9-22 所示，这个效果可以经常在网页中见到。它实际上是通过两幅图片的相互交换来实现的。这可以用 Dreamweaver 的"交换图像"行为和"恢复交换图像"行为来实现。如果在某个小学课程的教学网页上，给图像增加一个这样的效果，网页就会更加生动有趣了。

图 9-21　交互前的页面显示　　　　　　　　图 9-22　交互后的页面显示

　　具体来说，从效果演示可以看出，第 1 个过程触发"交换图像"动作的事件是鼠标指针放于图像之上，即 onMouseOver，第 2 个过程触发"恢复交换图像"动作的事件是鼠标指针从图像上移开，即 onMouseOut。

　　下面就来讲解如何使用"交换图像"行为和"恢复交换图像"行为来制作这个网页。

　　（1）打开素材"交换图像"文件夹中的"index.html"文件，在文档中插入一幅图像 01.png，作为被交换替代的对象，如图 9-23 所示。

　　（2）保持图像的选取状态，然后选择"窗口→属性"命令，打开"属性"面板，在"属性"面板"ID"选项文本框中输入图像的名称"Check"，如图 9-24 所示。

图 9-23　插入图像

图 9-24　图像"属性"面板

　　（3）为图像命好名称后，选择"窗口→行为"命令，打开"行为"面板。

　　（4）选中刚才插入图像，然后单击"行为"面板中的"添加行为"按钮 ＋，在弹出的菜单中选择"交换图像"命令，弹出"交换图像"对话框，如图 9-25 所示。

　　（5）在"设定原始档为"文本框中输入交换后的图像的存放位置，或者单击"浏览"按钮进行选择，如图 9-26 所示。

图 9-25　"交换图像"对话框

图 9-26　设置交换图像的路径

　　默认情况下，"交换图像"对话框中的"图像"列表框将会自动选中前面选中的图像，用户一般不需要在此处作修改。如果用户想让交换后的图像在文档中其他图像的位置显示，则在"图像"列表框中可以选择其他的图像。

　　（6）其他选项保持默认设置，单击"确定"按钮完成设置，返回"行为"面板。可以看到刚才添加的行为，如图 9-27 所示。Dreamweaver 设定默认情况下交换图像是由 onMouseOver 事件触发，恢复交换图像是由 onMouseOut 事件触发，这也是一般情况下该行为最常使用的触发事件。当然，用户也可以根据实际需要将事件改为其他类型，在后面的例子中将进一步讲解。

图9-27　添加"交换图像"和"恢复交换图像"行为

在如图9-25所示的"交换图像"对话框中，有一项"预先载入图像"，选中该复选框后，将会在下载网页的同时，下载初始图像和交替图像，有利于图像的显示速度。

此外，还有一项"鼠标滑开时恢复图像"，选中该复选框后，将会在鼠标指针移开交换图像时，恢复显示页面初始加载的图像；如果取消勾选，"交换图像"动作被触发后，交换后的图像将始终显示在浏览器窗口。勾选该项后，在插入"交换图像"动作的同时，可以在"行为"面板中同时插入"恢复交换图像"动作。当然，如果在该对话框中不勾选该项，设置好"交换图像"动作后，可以单独为图像设置"恢复交换图像"动作。不过，这两个动作一般都是同时使用的。

（7）在设置好"交换图像"动作后，如果想修改"交换图像"动作的属性，通过选择"窗口→行为"命令，打开"行为"面板，然后直接在"行为"面板的动作栏双击"交换图像"一项，将会再次弹出"交换图像"对话框，在该对话框中可以如同前面一样设置"交换图像"动作的属性。

（8）选择"文件→保存"命令，保存该文档，然后按F12键在浏览器中预览，就可以看到最终的效果了。

（9）单击"文档"窗口上方的"代码"按钮 代码 ，将Dreamweaver从"设计"视图切换到"代码"视图。

（10）进入"代码"视图，就可以看到控制"交换图像"和"恢复交换图像"行为的代码标签。放置于"<head>"与"/head>"标签之间的JavaScript函数定义的代码如下所示。

```
<script type="text/javascript">
<!--
function MM_preloadImages() { //v3.0
  var d=document; if(d.images){ if(!d.MM_p) d.MM_p=new Array();
    var i,j=d.MM_p.length,a=MM_preloadImages.arguments; for(i=0; i<a.length; i++)
    if (a[i].indexOf("#")!=0){ d.MM_p[j]=new Image; d.MM_p[j++].src=a[i];}}
}

function MM_swapImgRestore() { //v3.0
    var     i,x,a=document.MM_sr;       for(i=0;a&&i<a.length&&(x=a[i])&&x.oSrc;i++)
x.src=x.oSrc;
    }

function MM_findObj(n, d) { //v4.01
  var p,i,x; if(!d) d=document; if((p=n.indexOf("?"))>0&&parent.frames.length) {
    d=parent.frames[n.substring(p+1)].document; n=n.substring(0,p);}
  if(!(x=d[n])&&d.all)     x=d.all[n];      for      (i=0;!x&&i<d.forms.length;i++)
x=d.forms[i][n];
    for(i=0;!x&&d.layers&&i<d.layers.length;i++)
```

```
x=MM_findObj(n,d.layers[i].document);
    if(!x && d.getElementById) x=d.getElementById(n); return x;
  }

function MM_swapImage() { //v3.0
    var       i,j=0,x,a=MM_swapImage.arguments;       document.MM_sr=new       Array;
for(i=0;i<(a.length-2);i+=3)
    if ((x=MM_findObj(a[i]))!=null){document.MM_sr[j++]=x; if(!x.oSrc) x.oSrc=x.src;
x.src=a[i+2];}
  }
//-->
</script>
```

代码中一共定义了 4 个函数，分别执行特定的功能，其中用粗体字显示的两个函数 MM_swapImage 和 MM_swapImgRestore 就分别描述了交换图像和恢复交换图像所需要的 JavaScript 代码。

（11）下面是放置于"<body>"与"</body>"标签之间的调用前面在 JavaScript 中定义的函数的 HTML 代码片段。

```
<table width="500" border="0" align="center" cellpadding="0" cellspacing="0">
  <tr>
    <td align="center">
     <img    src="images/01.png"    name="Check"    width="200"    height="245"    id="Check"
     onmouseover="MM_swapImage('Check','','images/02.png',1)"
     onmouseout="MM_swapImgRestore()" />
    </td>
  </tr>
  <tr>
    <td align="center">复选框勾选状态显示</td>
  </tr>
</table>
```

观察粗体字部分，可以看到在插入的图片标签前面，分别指定的 onMouseOver 和 onMouseOut 两个事件所对应的动作，正是前面已经定义好的。

"交换图像"和"恢复交换图像"行为是由 JavaScript 程序段控制的，在"<head>"部分定义了几个函数，然后再在"<body>"部分予以调用，并执行程序的内容。交换图像的函数是 MM_swapImage，恢复交换图像的函数是 MM_swapImgRestore。

9.9　实践与练习：调用 JavaScript

使用"调用 JavaScript"行为，可以为文档或者文档中的元素对象添加一个 JavaScript 程序段，当特定事件发生时，该 JavaScript 程序段将会得到执行。调用 JavaScript 实例的制作方法如下。

（1）打开素材"个人网页"文件夹中的"index.html"文件。

（2）然后选择"窗口→行为"命令，打开"行为"面板。

（3）在文档中选中文字"双击此处关闭窗口"。

（4）单击"行为"面板中的"添加行为"按钮 ，在弹出的菜单中选择"调用 JavaScript"命令，弹出"调用 JavaScript"对话框。

（5）在"调用 JavaScript"对话框的"JavaScript"文本框中输入 JavaScript 程序段，这里输入

"window.close()"，如图 9-28 所示，该程序段将执行关闭窗口的操作。

图 9-28　"调用 JavaScript"对话框

（6）单击"确定"按钮，完成设置。

（7）返回"行为"面板，可以查看刚才添加的行为。

（8）单击"事件"中的下拉按钮 ▼，在弹出的下拉列表框中选择"onDblClick"事件，如图 9-29 所示，这样将会在双击鼠标时执行动作的内容。

（9）选择"文件→保存"命令，保存该文档。按 F12 键在浏览器中预览页面效果，用鼠标在"双击此处关闭窗口"文字上双击，效果如图 9-30 所示。

图 9-29　"行为"面板

图 9-30　最终效果

用鼠标双击页面中的文本，将会执行关闭窗口的动作，并弹出询问是否关闭窗口的对话框。单击"是"按钮，将会把窗口关闭；单击"否"按钮，将放弃关闭窗口的操作。

9.10　实践与练习：图层拖动

层作为一种页面元素对象的定位工具，与表格相比具有更大的灵活性，它不仅能够在编辑状态下随意移动和调整位置，使层内被控制的对象能够在页面的任一坐标位置放置，而且还能够在页面被浏览器加载执行后，被鼠标随意地拖动。当然，这不是仅用层就能够完成的，还需借助于行为。使用层的这种特性，可以制作出很多五彩缤纷的效果，比如拼图游戏、猜谜游戏和挑选物件游戏等。

图 9-31 所示就是一个简单的拼图效果，右边放着 3 张图片，它们是由一张图片分割而成，左边是拼图区域，把右边的图片一张张拖曳到左边的方形区域中，如果放的位置正确，则图片会在靠近方形区域时自动落下，如果放的位置不正确，则没有这一反应。

图 9-31　拼图游戏

下面讲解如何用"拖动层"行为制作拼图效果。

（1）准备一张制作拼图效果的图片，使用图片加工软件（比如 Photoshop）将图片分成 3 部分。

（2）记下分割后图片的宽和高，范例中用到的 3 张图片的宽和高均是 80px × 135px。

（3）打开素材"个人摄影网页_1"文件夹中的"index.html"文件。

（4）选择"插入→布局对象→AP Div"命令，在文档中插入一个层。

（5）选择"窗口→属性"命令，打开"属性"面板。

（6）将层的宽度设置为"80 × 3"，即 240；将层的高度设置为"180"。选择层，在"属性"面板中，将"宽"选项设为"240px"，"高"选项设为"135px"，"左"选项设为"760px"，"上"选项设为"270px"；记下层的坐标值，左坐标值为"760px"，上坐标值为"270px"。设置好的图层如图 9-32 所示。

（7）在层中插入一个表格。将光标置于层中，然后选择"插入→表格"命令，或按 Ctrl+Alt+T 组合键，弹出"表格"对话框，将"行数"选项设为"1"，"列"选项设为"3"，"表格宽度"选项设为"240"像素，"边框粗细""单元格边距""单元格间距"选项均设为"0"，如图 9-33 所示。

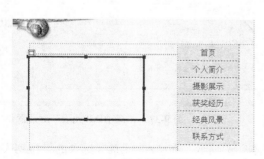

图 9-32　插入并设置图层

图 9-33　在层中插入表格

（8）单击"确定"按钮，完成表格的插入。

（9）由于在"表格"对话框中无法设置表格的高度，插入表格后要到"属性"面板中进行设置。将光标置入到第 1 列单元格中，在"属性"面板中，将"宽"选项设为"80"，"高"选项设为"135"，"背景颜色"选项设为黄色（#FFCC33），如图 9-34 所示。

（10）使用同样的方法设置其他两个单元格的宽为"80"，背景颜色为绿色（#669900）、青色（#33CCFF）。

经验：3 个单元格要设置成不同的颜色，将表格分成 3 个不同颜色的区域，以便将来拖动图片时，图片能够"按号入座"。

（11）表格属性设置完成后，效果如图 9-35 所示。

图 9-34　单元格"属性"面板　　　　　　　图 9-35　设置表格

（12）下面插入图片层。连续 3 次选择"插入→布局对象→AP Div"命令，在文档中插入 3 个图层。

 加上最开始插入的图层，目前文档中一共有 4 个图层，要确保 4 个图层具有不同的名称，以便在添加行为时能够识别不同的图层。设置图层的方法是：选择图层，在图层"属性"面板中的"层编号"一项中输入图层的名称。默认情况下，Dreamweaver 按图层的创建顺序自动为图层命名，以上插入的 4 个图层，按插入顺序依次命名为 apDiv1，apDiv2，apDiv3 和 apDiv4。

（13）使用上面讲解的方法将刚插入的 3 个图层的宽度和高度均设为 80px × 135px。

（14）将尺寸为 80px × 135px 的 3 个图片，分别插入到相应的图层中，此时页面效果如图 9-36 所示。

（15）选择菜单栏中的"窗口→行为"命令，打开"行为"面板。

（16）选中"文档"窗口下面的"<body>"标签，单击"行为"面板中的"添加行为"按钮 ，在弹出的菜单中选择"拖动 AP 元素"命令，弹出"拖动 AP 元素"对话框，如图 9-37 所示。

图 9-36　在图层中插入图片　　　　　　　图 9-37　"拖动 AP 元素"对话框

（17）在"拖动层"对话框中选择"基本"选项卡，在"AP 元素"选项的下拉列表中选择需要添加"拖动 AP 元素"行为的图层，这里选择的是"div 'apDiv2'"，在"放下目标"文本框中分别输入"放下目标"的左坐标和上坐标，也即在"左"选项的文本框中输入"760"，在"上"选项的文本框中输入"270"。

下面讲解如何确定"放下目标"的左坐标和上坐标。

由于 apDiv2 图层是放在 apDiv1 图层的最左边位置，apDiv2 图层"放下目标"的左坐标和上坐标就是 apDiv1 图层的左坐标和上坐标。

（18）在"靠齐距离"选项的文本框中输入"20"。当拖动的图层离设置的"放下目标"位置在 20 个像素内时，松开鼠标后图层将自动靠齐"放下目标"位置，如图 9-38 所示。

图 9-38　确定放下目标的左坐标、上坐标及靠齐距离

（19）单击"拖动 AP 元素"对话框中的"高级"选项卡，高级属性项如图 9-39 所示。

图 9-39　"高级"选项卡

（20）确保"拖动控制点"下拉列表框中选择了"整个元素"，"拖动时"区域中选中了"将元素置于顶层"复选框，并从后面的下拉列表框中选择了"留在最上方"选项。

"拖动 AP 元素"对话框"高级"选项卡的设置在本例中不需要做修改，保持默认设置即可，但是为了方便读者学习，并进一步地设计出更高级的实例，将"高级"选项卡的选项介绍如下。

① "拖动控制点"：用于设定层中可以拖动的区域。

"整个层"：设定层中的任何区域皆可拖动。

"层内区域"：设定只有层内定义的区域可以拖动。

② "拖动时"：用于设定拖动时和放下后被拖动层与目标层之间的位置关系。

"将元素置于顶层"：设定被拖动层放下后，将其放置在层叠顺序的顶部。

"留在最上方"：设定被拖动层放下后，将其放于最上方。

"恢复 z 轴"：设定被拖动层放下后，恢复层的层叠顺序。

③ "呼叫 JavaScript"：用于设定要调用的 JavaScript 代码或函数名称。

④ "放下时：呼叫 JavaScript"：用于设定只有在放下层时，才会调用 JavaScript 脚本程序。

⑤ "只有在靠齐时"：用于设定只有在放下层并靠齐时，才会调用 JavaScript 脚本程序。

（21）其他选项保持默认设置，在"拖动 AP 元素"对话框中单击"确定"按钮完成设置。

（22）使用同样的方法为 apDiv3 和 apDiv4 设定"拖动 AP 元素"行为。

在为 apDiv3 添加行为时，"拖动 AP 元素"对话框的"层"下拉列表框应选择"div 'apDiv3'"，"放下目标"一项的"左"坐标值应设置为"840"（apDiv1 的左坐标值加上 apDiv2 图层的宽度），"上"坐标值应设置为"270"（由于 4 个图层的高度都相同，所以上坐标也相同）。

在为 apDiv4 添加行为时，"拖动 AP 元素"对话框的"层"下拉列表框中应选择"apDiv4"，"放下目标"一项的"左"坐标值应设置为"920"（Layer1 的左坐标值加上 apDiv2 和 apDiv3 图层的宽度），"上"坐标值应设置为"270"（由于 4 个图层的高度都相同，所以上坐标也相同）。

（23）返回"行为"面板，可以看到刚才插入的 3 个行为，确保"拖动 AP 元素"行为的事件是 onLoad，也即在加载页面时动作就被激活了，如图 9-40 所示。

（24）选择"文件→保存"命令，将文档保存下来。

按 F12 键预览，可以看到添加"拖动 AP 元素"行为的效果。最开始 3 张图片杂乱地放在右边，用鼠标在图片上单击然后拖动，可以发现图片是可以移动的，将图片移动到右边合适的方形区域，然后松开鼠标，如果位置正确，则图片会自动被吸附到目标位置，也即图片会自动与方形区域吻合，如果位置不正确，则不会有这一效果。

将 3 张图片分别填入相应的方形区域中，如图 9-41 所示，有两张图片已经被填入正确的区域，并被吸附到目标位置，另一幅图片正在被拖动。

图 9-40　"行为"面板　　　　　　图 9-41　拼图效果

完成最后一张图片的拖动后，可以发现 3 张图片可以拼成一幅内容完整的画。

小　　结

网页要吸引访问者的目光，"动"起来是最有效的手段。使网页动起来有很多种方法，本章介绍的使用 Flash 动画和使用行为就是其中非常重要且非常实用的两种方法。学习本章最重要的是理解"行为"的基本原理，也就是"事件 ＋ 动作 ＝ 行为"。在此基础上，再了解各种事件和动作的含义，并掌握它们的使用方法。

练　　习

9-1　以下关于"鼠标经过图像"的各种说法，正确的是（　　　）。

（A）它需要至少两张图片，才可以显示出效果

（B）它是一个 Flash 动画

（C）它也可以使用行为来实现

（D）它不需要 Javascript 代码就可以实现

9-2　在 Dreamweaver CS5 中插入的动画可否设置在浏览器中透明显示？如果可以怎么设置？

第 10 章
CSS 网页样式设置

通过前面章节的学习，读者对 HTML 语言已经比较熟悉了，它是所有网页制作的基础。但是如果希望网页能够美观、大方，并且升级方便，维护轻松，那么仅仅靠 HTML 是不够的，CSS 在这中间扮演着重要的角色。

在本书第 2 章中，简单介绍了 CSS 的用法，但是 CSS 在网页设计中的作用远远不止于此。本章从 CSS 的概念出发，介绍 CSS 语言的特点，以及如何在网页中引入 CSS，然后重点介绍 CSS 的基本语法。

10.1　CSS 的概念

CSS（Cascading Style Sheet），中文译为层叠样式表，是用于控制网页样式并允许将样式信息与网页内容分离的一种标签性语言。CSS 是 1996 年由 W3C 审核通过并推荐使用的。简单地说，CSS 的引入就是为了使 HTML 能够更好地适应页面的美工设计。它以 HTML 为基础，提供了丰富的格式化功能，如字体、颜色、背景、整体排版等，并且网页设计者可以针对各种可视化浏览器设置不同的样式风格，包括显示器、打印机、打字机、投影仪、PDA 等。CSS 的引入随即引发了网页设计的一个又一个新高潮，使用 CSS 设计的优秀页面层出不穷。

本节从 CSS 对标签的控制入手，讲解 CSS 的初步知识以及编辑方法。

10.1.1　传统 HTML 的缺点

在 CSS 还没有被引入页面设计前，传统的 HTML 要实现页面美工上的设计是十分麻烦的，例如在下面的例子中，如果希望标题变成蓝色，并对字体进行相应的设置，则需要引入<font>标签：

```
<h2><font color="#0033CC" face="幼圆">标签文字 01</font></h2>
```

这样的修改看上去并不是很麻烦，而当页面的内容不仅仅只有一段，而是整篇文章时，情况就显得不那么简单了，如例 10-1 所示。

【例 10-1】　不使用 CSS 的页面

```
<html>
<head>
    <title>标题在这里</title>
</head>
<body>
```

```
<h2><font color="#0033CC" face="幼圆">标签文字 01</font></h2>
<p>CSS 标签正文内容 01</p>
<h2><font color="#0033CC" face="幼圆">标签文字 02</font></h2>
<p>CSS 标签正文内容 02</p>
<h2><font color="#0033CC" face="幼圆">标签文字 03</font></h2>
<p>CSS 标签正文内容 03</p>
<h2><font color="#0033CC" face="幼圆">标签文字 04</font></h2>
<p>CSS 标签正文内容 04</p>
</body>
</html>
```

其在 IE 中的显示效果如图 10-1 所示，四个标题都变成了蓝色显示的幼圆字体。这时如果希望将这四个标题改成红色，在这种传统的 HTML 中就需要对每个标题的"<font>"标签都进行修改，倘若是整个网站，这样的工作量是没法让设计者接受的。

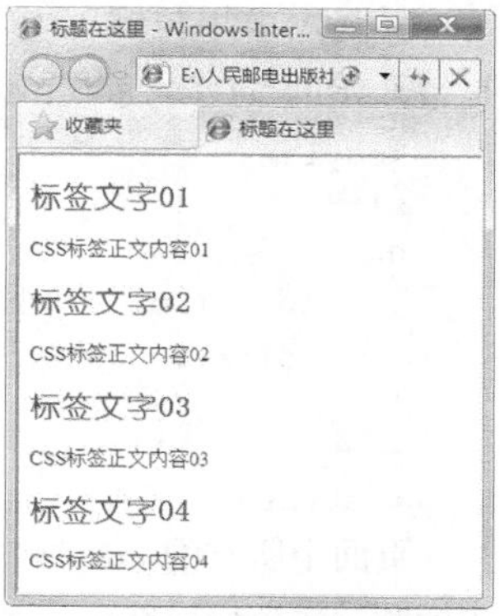

其实传统 HTML 的缺陷远不止例 10-1 中所反映的这一个方面，相比 CSS 为基础的页面设计方法，其所体现出的劣势主要有以下几点。

（1）维护困难。为了修改某个特殊标签（例如上例中的"<h2>"标签）的格式，需要花费很多的时间，尤其对于整个网站而言，后期修改、维护的成本很高。

图 10-1　给标题添加效果

（2）标签不足。HTML 本身的标签十分少，很多标签都是为网友内容服务的，而关于美工样式的标签，如文字间距、段落缩进等标签在 HTML 中很难找到。

（3）网页过胖。由于没有统一对各种风格样式进行控制，HTML 的页面往往体积过大，占用掉了很多宝贵的带宽。

（4）定位困难。在整体布局页面时，HTML 对于各个模块的位置调整显得捉襟见肘，过多的"<table>"标签同样也导致页面的复杂和后期维护的困难。

10.1.2　CSS 的引入

对于上例，倘若引入 CSS 对其中的<h2>标签进行控制，那么情况将完全不同，如例 10-2 所示。

【例 10-2】　引入 CSS 的页面

```
<html>
<head>
<title>标题在这里</title>
<style>
<!--
h2{
    font-family:幼圆;
    color:#0033CC;
}
-->
</style>
</head>
<body>
```

```
        <h2>标签文字 01</h2>
        <p>CSS 标签正文内容 01</p>
        <h2>标签文字 02</h2>
        <p>CSS 标签正文内容 02</p>
        <h2>标签文字 03</h2>
        <p>CSS 标签正文内容 03</p>
        <h2>标签文字 04</h2>
        <p>CSS 标签正文内容 04</p>
    </body>
    </html>
```

其显示效果与例 10-1 完全一样。可以发现，在页面中的<font>标签全部消失了，取而代之的是最开始的<style>标签，以及其中对<h2>标签的定义，即：

```
<style>
<!--
h2{
    font-family:幼圆;
    color:#0033CC;
}
-->
</style>
```

页面中所有的<h2>标签的样式风格通通由这段代码控制，倘若希望标题的颜色变成红色，字体使用黑体，则仅仅需要修改这段代码为：

```
<style>
<!--
h2{
    font-family:黑体;
    color:#FF0000;
}
-->
</style>
```

其显示效果如图 10-2 所示。

图 10-2　CSS 的引入

从例 10-1 和例 10-2 可以明显看出，CSS 对于网页的整体控制较单纯的 HTML 语言有了突破性的进展，并且后期修改、维护都十分的方便。不仅如此，CSS 还提供各种丰富的格式控制方法，使得网页设计者能够轻松地应对各种页面效果。

10.1.3　浏览器与 CSS

网上的浏览器各式各样，绝大多数浏览器对 CSS 都有很好的支持，因此设计者往往不用担心其设计的 CSS 文件不被用户所支持。但目前的问题在于，各个浏览器之间对 CSS 很多细节的处理上存在差异，设计者在一种浏览器上设计的 CSS 效果，在其他浏览器上的结果很可能大相径庭。就目前主流的两大浏览器 IE 与 Firefox 而言，在某些细节的处理上就不尽相同。IE 本身在 IE6 与发布不久的 IE7 之间，对相同页面的浏览效果都存在一些差异。如例 10-3 所示的代码。

【例 10-3】　浏览器的差异

```
<html>
<head>
<title>页面标题</title>
<style>
```

```
<!--
ul{
    list-style-type:none;
    display:inline;
}
-->
</style>
</head>
<body>
    <ul>
         <li>浏览器区别 1</li>
         <li>浏览器区别 2</li>
    </ul>
</body>
</html>
```

这是一段很简单的 HTML 代码，并用 CSS 对<ul>标签进行了样式上的控制。而这段代码在 IE7 中的效果与 Firefox 中的显示效果就存在差别，如图 10-3 所示。

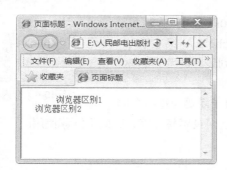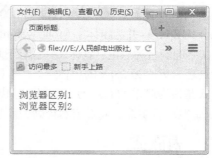

图 10-3　IE 与 Firefox 的效果区别

但比较幸运的是，出现各个浏览器效果上的差异，主要是因为各个浏览器对 CSS 样式默认值的设置不一，因此可以通过对 CSS 文件各个细节的严格编写，使得各个浏览器之间达到基本相同的效果。这点在后续的章节中都会陆续提到。

使用 CSS 制作网页，一个基础的要求就是主流的浏览器之间的显示效果要基本一致。通常的做法是一边编写 HTML、CSS 代码，一边在两个不同的浏览器上进行预览，及时地调整各个细节，这对深入掌握 CSS 也是很有好处的。

另外 Dreamweaver 的"视图"模式只能作为设计时参考使用，绝对不能作为最终显示效果的依据，浏览器中的效果才是用户所看到的。

10.2　使用 CSS 控制页面

在对 CSS 有了大致的了解后，便希望使用 CSS 对页面进行全方位的控制。本节主要介绍如何使用 CSS 控制页面，以及其控制页面的各种方法，包括行内样式、内嵌式、链接式、导入式等。

10.2.1　行内样式

行内样式是所有样式方法中最为直接的一种，它直接对 HTML 的标签使用 style 属性，然后将 CSS 代码直接写在其中，如例 10-4 所示。

【例 10-4】 行内样式

```
<html>
<head>
<title>标题在这里</title>
</head>
<body>
    <p style="color:#0000FF; font-size:18px; font-weight:bold;">CSS 内容 1</p>
    <p  style="color:#000000;  text-decoration:underline;  font-style:italic;"> 正 文
CSS2</p>
    <p style="color:#FF33CC; font-size:28px; font-weight:bold;">CSS 正文内容 3</p>
</body>
</html>
```

其显示效果如图 10-4 所示。可以看到在三个<p>标签中都使用 style 属性，并且设置了不同的 CSS 样式，各个样式之间互不影响，都分别显示自己的样式效果。

第一个<p>标签设置了字体为蓝色（color:#0000FF; ），字号大小为 18px（font-size:18px; ），并为粗体字（font-weight:bold; ）。第二个<p>标签则设置文字的颜色为黑色、斜体，并且有下划线。最后一个<p>标签设置紫红色、大小为 28px 的粗体字。

图 10-4　行内样式

行内样式是最为简单的 CSS 使用方法，但由于需要为每一个标签设置 style 属性，后期维护成本依然很高，而且网页容易过胖，因此不推荐使用。

10.2.2　内嵌式

内嵌式样式表就是将 CSS 写在<head>与</head>之间，并且用<style>和</style>标签进行声明，如例 10-5 所示。

【例 10-5】 内嵌样式

```
<html>
<head>
<title>页面标题</title>
<style type="text/css">
<!--
p{
    color:#FF00FF;
    text-decoration:underline;
    font-weight:bold;
    font-size:25px;
}
-->
</style>
</head>
<body>
    <p>紫色、粗体、下划线、25px 的效果 1</p>
    <p>紫色、粗体、下划线、25px 的效果 2</p>
    <p>紫色、粗体、下划线、25px 的效果 3</p>
</body>
</html>
```

其显示效果如图 10-5 所示,从上例中可以看到,所有 CSS 的代码部分被集中在了同一个区域,方便了后期的维护,页面本身也大大瘦身。但如果是一个网站,拥有很多的页面,对于不同页面上的"<p>"标签都希望采用同样的风格时,内嵌式的方法就显得略微麻烦,维护成本也不低。因此内嵌式仅适用于对特殊的页面设置单独的样式风格。

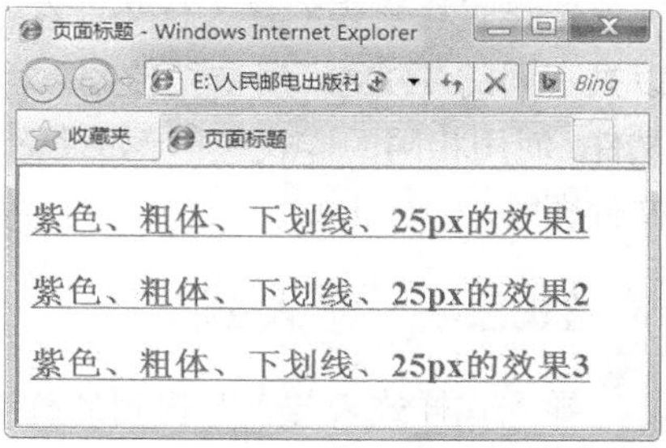

图 10-5　内嵌式

10.2.3　链接式

链接式样式表是使用频率最高,也是最为实用的方法。它将 HTML 页面本身与 CSS 样式风格分离为两个或者多个文件,实现了页面框架 HTML 代码与美工 CSS 代码的完全分离,使得前期制作和后期维护都十分方便,网站后台的技术人员与美工设计者也可以很好地分工合作。而且对于同一个 CSS 文件,可以链接到多个 HTML 文件中,乃至整个网站的所有页面中,使得网站整体风格统一、协调,并且后期维护的工作量也大大减少。链接式 CSS 样式表的使用如例 10-6 所示。

【例 10-6】　链接式样式

首先创建 HTML 文件,如下所示:

```
<html>
<head>
<title>标题在这里</title>
<link href="style.css" rel="stylesheet" type="text/css" />
</head>
<body>
    <h2>第一行标题 1</h2>
    <p>紫红色、斜体、下划线、28px 的效果 1</p>
    <h2>第二行标题 2</h2>
    <p>紫红色、斜体、下划线、28px 的效果 2</p>
</body>
</html>
```

然后创建文件 style.css,如下所示:

```
h2{
    color:#0000FF;
}
p{
    color:#FF33CC;
    text-decoration:underline;
    font-style:italic;
    font-size:28px;
}
```

从上例中可以看到,文件 style.css 将所有的 CSS 代码从 HTML 文件中分离出来,然后在"<head>"和"</head>"标签之间加上"<link href="style.css" rel="stylesheet" type="text/css" />"语句,将 CSS 文件链接到页面中,对其中的标签进行样式控制。其显示效果如图 10-6 所示。

图 10-6　链接式

链接式样式表的最大优势就在于 CSS 代码与 HTML 代码完全分离，并且同一个 CSS 文件可以被不同的 HTML 所链接使用。因此在设计整个网站时，可以将所有页面都链接到同一个 CSS 文件，使用相同的样式风格。如果整个网站需要进行样式上的修改，就仅仅只需要修改这一个 CSS 文件即可。

10.2.4　导入式

导入式样式表与上节提到的链接式样式表功能上基本相同，只是语法和运作方式上略有区别。采用 import 方式导入的样式表，在 HTML 文件初始化时，会被导入到 HTML 文件内，作为其一部分，类似内嵌式的效果。而链接式样式表则是在 HTML 的标签需要格式时才以链接的方式引入。

在 HTML 文件中导入样式表，常用的有如下几种 "@import" 语法，可以任意选择一种放在 "<style>" 与 "</style>" 标签之间：

（1）@import url(sheet1.css);

（2）@import url("sheet1.css");

（3）@import url('sheet1.css');

（4）@import sheet1.css;

（5）@import "sheet1.css";

（6）@import 'sheet1.css';

如例 10-7 所示的代码。

【例 10-7】　导入式样式

```
<html>
<head>
<title>标题在这里</title>
<style type="text/css">
<!--
@import url(style.css);
-->
</style>
</head>
<body>
        <h2>第一行标题 1</h2>
        <p>紫红色、斜体、下划线、28px 的效果 1</p>
        <h2>第二行标题 2</h2>
        <p>紫红色、斜体、下划线、28px 的效果 2</p>
        <h3>第三行标题 3</h3>
        <p>紫红色、斜体、下划线、28px 的效果 3</p>
</body>
</html>
```

例 10-7 在例 10-6 的基础上进行了修改，加入了 "<h3>" 的标题，前两行的效果与例 10-6 中显示完全相同，如图 10-7 所示。可以看到新引入的 "<h3>" 标签由于没有设置样式，因此保持着默认的风格。

图 10-7　链接式

10.3　复合 CSS 选择器

选择器（Selector）是 CSS 中的一个很重要的概念，所有 HTML 语言中的标签都是通过不同的 CSS 选择器进行控制的。用户只需要通过选择器对不同的 HTML 标签进行控制，并赋予各种样式声明，即可实现各种效果。

在本书的前面章节中，介绍了 3 种基本的选择器——标签选择器、类别选择器和 ID 选择器。这里再介绍两种更为深入的选择器使用方法。

10.3.1　选择器集体声明

在声明各种 CSS 选择器时，如果某些选择器的样式风格是完全相同的，或者部分相同，这时便可以利用集体声明的方法，将风格相同的 CSS 选择器同时声明，如例 10-8 所示。

【例 10-8】　选择器集体声明

```html
<html>
<head>
<title>选择器集体声明</title>
<style type="text/css">
<!--
h1, h2, h3, h4, h5, p{          /* 集体声明 */
    color:purple;               /* 文字颜色 */
    font-size:14px;             /* 字体大小 */
}
h2.special, .special, #one{     /* 集体声明 */
    text-decoration:underline;  /* 下划线 */
}
-->
</style>
</head>
<body>
    <h1>选择器集体声明 h1</h1>
    <h2 class="special">选择器集体声明 h2</h2>
    <h3>选择器集体声明 h3</h3>
    <h4>选择器选择器集体声明 h4</h4>
    <h5>集体声明 h5</h5>
    <p>选择器集体声明 p1</p>
    <p class="special">选择器集体声明 p2</p>
    <p id="one">选择器集体声明 p3</p>
</body>
</html>
```

图 10-8　集体声明

其显示效果如图 10-8 所示。可以看到网页中所有行的颜色都是紫色，而且字体大小均为"14px"。集体声明的效果与单独声明完全相同，"h2.special、.special、#one"的声明并不影响前一个集体声明，第二行和最后两行在紫色、大小为"14px"的前提下使用了下划线进行突出。

10.3.2 选择器的嵌套

在 CSS 选择器中，还可以通过嵌套的方式，对特殊位置的 HTML 标签进行声明，例如当 "<p>" 与 "</p>" 之间包含 "<b></b>" 标签时，就可以使用嵌套选择器进行相应的控制。具体如例 10-9 所示。

【例 10-9】 选择器的嵌套

```
<html>
<head>
<title>CSS 选择器的嵌套声明</title>
<style type="text/css">
<!--
p b{                              /* 嵌套声明 */
    color:maroon;                 /* 颜色 */
    text-decoration:underline;    /* 下划线 */
    font-size:30px;               /* 文字大小 */
}
-->
</style>
</head>
<body>
    <p>选择器嵌套<b>使用 CSS 标</b>记的方法</p>
    选择器嵌套之外<b>的标</b>记并不生效
</body>
</html>
```

通过将 "b" 选择器嵌套在 "p" 选择器中进行声明，显示效果只适用于 "<p>" 和 "</p>" 之间的 "<b>" 标签，而其外的 "<b>" 标签并不产生任何效果，如图 10-9 所示。图 10-9 中只有第一行的粗体字变成了大字号、深红色并加上了下划线，而第二行除了本身变成了粗体，没有任何变化。

图 10-9　嵌套选择器

嵌套选择器的使用非常广泛，不光是嵌套的标签本身，类别选择器、ID 选择器都可以进行嵌套。下面是一些典型的嵌套语句：

```
.second i{ color: yellow; }            /* 使用了属性 second 的标签里面包含的<i> */
#first li{ padding-left:8px; }         /* ID 为 first 的标签里面包含的<li> */
td.top .top1 strong{ font-size: 6px; } /* 多层嵌套，同样适用 */
```

上面的第三行使用了三层嵌套，实际上更多层的嵌套在语法上都是允许的。上面的这个三层嵌套表示的就是使用了 ".top" 类别的 "<td>" 标签中包含的 ".top1" 类别的标签，在其中包含的 "<strong>" 标签所声明的风格样式，可能相对应的 HTML 为（一种可能的情况）：

```
<td class="top">
    <p class="top1">
        其他内容<strong>CSS 控制的部分</strong>其他内容
    </p>
</td>
```

选择器的嵌套在 CSS 的编写中可以大大减少对类别 "class"，"id" 的声明。因此在构建页面 HTML 框架时通常只给外层标签（父标签）定义类别 "class" 或者 "id"，内层标签（子标签）

能通过嵌套表示的则利用嵌套的方式，而不需要再定义新的类别 "class" 或者专用 "id"。只有当子标签无法利用此规则时，才单独进行声明，例如一个 "<ul>" 标签中包含多个 "<li>" 标签，而需要对其中某个 "<li>" 单独设置 CSS 样式时才赋给该 "<li>" 一个单独 "id" 或者类别，而其他 "<li>" 同样采用 "ul li{...}" 的嵌套方式来设置。

10.4　CSS 设置文字效果

文字是网页设计中永远不可缺少的元素，各种各样的文字效果遍布在整个 Internet 中。本节从基础的文字设置出发，讲解 CSS 设置各种文字效果的方法，然后再进一步讲解段落排版的相关内容。

10.4.1　CSS 文字样式

使用过 Word 编辑文档的用户一定会注意到，Word 可以对文字的字体、大小、颜色等各种属性进行设置。CSS 同样可以对 HTML 页面中的文字进行全方位的设置。本节主要介绍 CSS 设置文字各种属性的基本方法。

在 CSS 中文字都是通过 "font" 的相关属性进行设置的，例如通过 "font-family" 属性来控制文字的字体，通过 "font-size" 属性来控制文字的大小，通过 "color" 属性设置文字的颜色，通过 "font-weight" 属性来设置文字的粗细，通过设置 "font-style" 属性来控制文字是否为斜体，通过设置文字的 text-decoration 属性来实现文字的下划线、顶划线、删除线，通过设置字母的 text-transform 属性来实现单词的首字母大写、全部大写、全部小写等。其典型语句如下所示：

```
p{
    font-family:黑体,幼圆;              /* 文字字体 */
    font-size:12px;                    /* 文字大小 */
    color:#0033CC;                     /* 颜色 */
    font-weight:bold;                  /* 粗体 */
    font-style:italic;                 /* 斜体 */
    text-decoration:line-through;      /* 删除线 */
    text-transform: capitalize;        /* 字母大小写*/
}
```

以上语句设置了 "<p>" 标签的文字属性。首先设置文字的字体为黑体，如果客户端的机器上没有黑体，则用幼圆，如果仍然没有，则采用浏览器默认字体。第二行代码设置了文字的大小为 "12px"。紧接着设置了颜色为 "#0033CC"、粗体、斜体、删除线，最后设置了首字母大写，具体实例如例 10-10 所示。

【例 10-10】 设置文字样式

```
<html>
<head>
<title>设置文字效果</title>
<style type="text/css">
p{
    font-family:黑体;                   /* 文字字体 */
    font-size:35px;                    /* 文字大小 */
```

```
        color:#0033CC;                        /* 颜色 */
        font-weight:bold;                     /* 粗体 */
        font-style:italic;                    /* 斜体 */
        text-decoration:line-through;         /* 删除线 */
    }
    span{
        font-size: 20px;
        color:#F90;
        text-transform: capitalize;           /* 首字母大写*/
    }
    </style>
    </head>
    <body>
        <p>CSS 设置文字效果</p>
        <span>photoshop 图像处理软件</span>
    </body>
    </html>
```

此时显示效果如图 10-10 所示。可以看到，通过 CSS 可以对文字进行全方位的设置。

图 10-10　CSS 设置文字效果

10.4.2　CSS 文字段落

段落是由一个个文字组合而成的，同样是网页中最重要的组成部分之一，因此前面提到的文字属性，对于段落同样适用。但 CSS 针对段落也提供了很多样式属性，本节将通过实例进行详细介绍。

在使用 Word 编辑文档时，可以很轻松的设置行间距，在 CSS 中通过"line-height"属性同样可以轻松地实现行距的设置。在 CSS 中"line-height"的值表示的是两行文字之间基线的距离。如果给文字加上下划线，那么下划线的位置就是文字的基线。

"line-height"的值跟 CSS 中所有设定具体数值的属性一样，可以设定为相对数值，也可以设定为绝对数值。在静态页面中，文字大小固定时常常使用绝对数值，达到统一的效果。而对于论坛、博客这些可以由用户自定义字体大小的页面，通常设定为相对数值，可以随着用户自定义的字体大小而改变相应的行距。CSS 对于文字段落的设置示例如例 10-11 所示。

【例 10-11】　设置文字段落

```
<html>
<head>
<title>行间距 line-height</title>
<style>
<!--
```

```
P{text-indent:2em;}                /*首行缩进 2 个字符*/
p.one{
    font-size:10pt;
    line-height:8pt;               /* 行间距，绝对数值，行间距小于字体大小 */
}
p.second{ font-size:18px; }
p.third{ font-size:10px; }
p.second, p.third{
    line-height: 1.5em;            /* 行间距，相对数值 */
}
-->
</style>
</head>
<body>
```

<p class="one">冬至，是我国农历中一个非常重要的节气，也是一个传统节日，至今仍有不少地方有过冬至节的习俗。冬至俗称"冬节"、"长至节"、"亚岁"等。早在二千五百多年前的春秋时代，我国已经用土圭观测太阳测定出冬至来了，它是二十四节气中最早制订出的一个。时间在每年的阳历 12 月 22 日或者 23 日之间。</p>

<p class="second">冬至是北半球全年中白天最短、黑夜最长的一天，过了冬至，白天就会一天天变长。古人对冬至的说法是：阴极之至，阳气始生，日南至，日短之至，日影长之至，故曰"冬至"。冬至过后，各地气候都进入一个最寒冷的阶段，也就是人们常说的"进九"，我国民间有"冷在三九，热在三伏"的说法。</p>

<p class="third">在我国古代对冬至很重视，冬至被当做一个较大节日，曾有"冬至大如年"的说法，而且有庆贺冬至的习俗。《汉书》中说："冬至阳气起，君道长，故贺。"人们认为：过了冬至，白昼一天比一天长，阳气回升，是一个节气循环的开始，也是一个吉日，应该庆贺。《晋书》上记载有"魏晋冬至日受万国及百僚称贺……其仪亚于正旦。"说明古代对冬至日的重视。</p>

```
</body>
</html>
```

其显示效果如图 10-11 所示。第一段文字采用了绝对数值，并且将行间距设置得比文字大小要小，可以看到文字发生了重复。第二段和第三段分别设置了不同的文字大小，但由于使用了相对数值，行间距因此能够自动调节。

与"line-height"的使用方法类似，CSS 中通过属性"letter-spacing"来调整字间距，方法与"line-height"完全相同，读者可以自己尝试。

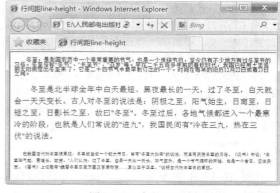

图 10-11　行间距示例

10.4.3　课堂练习：制作首字下沉效果

许多报刊、杂志的文章第一个字都很大，并且向下浮动，这种首字放大的效果，同样可以方便地应用在网页中。在 CSS 中首字下沉的效果是通过对第一个字进行单独设置样式风格来实现的，具体方法如例 10-12 所示。

【例 10-12】　首字下沉效果

```
<html>
<head>
<title>首字放大效果</title>
<style>
<!--
body{
```

```
        background-color:#393;            /* 背景色 */
    }
    p{
        font-size:15px;                   /* 文字大小 */
        color:#FFFFFF;                    /* 文字颜色 */
        line-height:24px;                 /* 设置行距 */
    }
    p span{
        font-size:60px;                   /* 首字大小 */
        float:left;                       /* 首字下沉 */
        padding-right:5px;                /* 与右边的间隔 */
        font-weight:bold;                 /* 粗体字 */
        font-family:黑体;                 /* 黑体字 */
        color:yellow;                     /* 字体颜色 */
        line-height:65px;                 /* 设置行距 */

    }
    -->
    </style>
    </head>
    <body>
    <p><span>端</span>午节是古老的传统节日，始于中国的春秋战国时期，至今已有 2000 多年历史。据《史记》
"屈原贾生列传"记载，屈原，是春秋时期楚怀王的大臣。他倡导举贤授能，富国强兵，力主联齐抗秦，遭到贵族子兰等
人的强烈反对，屈原遭谗去职，被赶出都城，流放到沅、湘流域。他在流放中，写下了忧国忧民的《离骚》《天问》《九
歌》等不朽诗篇，独具风貌，影响深远（因而，端午节也称诗人节）。公元前 278 年，秦军攻破楚国京都。屈原眼看自
己的祖国被侵略，心如刀割，但是始终不忍舍弃自己的祖国，于五月五日，在写下了绝笔作《怀沙》之后，抱石投汨罗
江身死，以自己的生命谱写了一曲壮丽的爱国主义乐章。</p>

    <p>传说屈原死后，楚国百姓哀痛异常，纷纷涌到汨罗江边去凭吊屈原。渔夫们划起船只，在江上来回打捞他的真
身。有位渔夫拿出为屈原准备的饭团、鸡蛋等食物，"扑通、扑通"地丢进江里，说是让鱼龙虾蟹吃饱了，就不会去咬屈
大夫的身体了。人们见后纷纷仿效。一位老医师则拿来一坛雄黄酒倒进江里，说是要药晕蛟龙水兽，以免伤害屈大夫。
后来为怕饭团为蛟龙所食，人们想出用楝树叶包饭，外缠彩丝，发展成粽子。</p>
    </body>
    </html>
```

例 10-12 中主要是通过"float"语句对首字下沉进行控制，并且用"<span>"标签对首字设
置单独的样式风格，达到了突出、显眼的目的。其显示效果如图 10-12 所示。

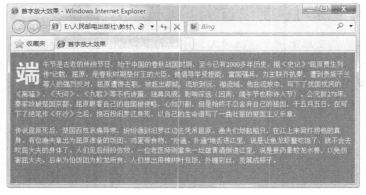

图 10-12   首字放大

10.5　CSS 设置图片效果

在五彩缤纷的网络世界中，各种各样的图片组成了丰富多彩的页面，能够让人们更直观地感受网页所要传达给用户的信息。本节介绍 CSS 设置图片风格样式的方法，包括图片的边框、图文混排等，并通过实例综合文字、图片的各种运用。

10.5.1　图片的边框

在 HTML 中可以直接通过"<img>"标签的"border"属性值为图片添加边框，从而控制边框的粗细，当设置该值为"0"时，则显示为没有边框，如下所示：

```
<img src="images/pic.jpg" border="0">
<img src="images/pic.jpg" border="1">
<img src="images/pic.jpg" border="2">
<img src="images/pic.jpg" border="3">
```

其显示效果如图 10-13 所示，可以看到所有边框都是黑色，而且风格十分单一，都是实线，仅仅只是在边框粗细上能够进行调整。

图 10-13　HTML 控制边框

在 CSS 中可以通过"border"属性为图片添加各式各样的边框，"border-style"定义边框的样式，如虚线、实线、点划线等，在 Dreamweaver 中通过语法提示功能，便可轻松获得各种边框样式的值，如图 10-14 所示。

对于边框样式各种风格的详细说明，在后面的章节中还会详细介绍，读者可以先自己尝试不同的风格，选择自己喜爱的样式。另外，还可以通过"border-color"定义边框的颜色，"border-width"定义边框的粗细，如例 10-13 所示。

图 10-14　语法提示

【例 10-13】　设置图片边框样式

```
<html>
<head>
<title>边框效果显示</title>
<style>
<!--
img.pic{
    border-style:dotted;        /* 点划线 */
```

```
    border-color:#FF9900;           /* 边框颜色 */
    border-width:6px;               /* 边框粗细 */
}
img.pic_1{
    border-style:dashed;            /* 虚线 */
    border-color:#000088;           /* 边框颜色 */
    border-width:2px;               /* 边框粗细 */
}
-->
</style>
</head>
<body>
    <img src="images/pic.jpg" width="200" height="198" class="pic"/>
    <img src="images/pic.jpg" width="200" height="198" class="pic_1"/>
</body>
</html>
```

其显示效果如图 10-15 所示，两幅图片分别设置了金黄色、6 像素宽的点划线边框和深蓝色、2 像素宽的虚线边框。

10.5.2　课堂练习：制作图文混排网页

Word 中文字与图片有很多排版方式，在网页中同样可以实现各种图文混排的效果。在 CSS 中主要是通过给图片设置 "float" 属性来实现文字环绕图片的，如例 10-14 所示。

图 10-15　设置各种图片边框

【例 10-14】　制作图文混排网页

```
<html>
<head>
<title>图文混排</title>
<style type="text/css">
<!--
body{
    background-color:#498176;           /* 页面背景颜色 */
    margin:0px;
    padding:0px;
}
img{
    float:left;                         /* 文字环绕图片 */
}
p{
    color:#FFFF00;                      /* 文字颜色 */
    margin:0px;
    padding-top:10px;
    padding-left:5px;
    padding-right:5px;
    line-height:24px;
}
span{
    float:left;                         /* 首字放大 */
    font-size:85px;
    font-family:黑体;
```

```
        margin:0px;
        padding-right:5px;
        line-height:85px;
}
-->
</style>
</head>
<body>
        <img src="images/pic.png" border="0">
        <p><span>河</span>马，偶蹄目、河马科，英文名 hoppopotamus。原来遍布非洲所有深水的河流与溪
流中，现在范围已缩小，主要居住在非洲热带的河流间。它们喜欢栖息在河流附近沼泽地和有芦苇的地方。生活中的觅
食、交配、产仔、哺乳也均在水中进行。</p>
        <p>河马的特点是吻宽嘴大，四肢短粗、躯体像个粗圆桶。胃 3 室不反刍。鼻孔在吻端上面，与上方的眼睛
和耳朵呈一条直线。这样它全体潜伏水中只须将头顶露出水面就能嗅、视、听兼呼吸了。体长 3.75~4.6 米，尾长约 56
厘米，肩高约 1.5 米，体重 3~4.6 吨，下犬齿长约 60 厘米，可达 3 公斤。河马皮肤排出的液体含红色色素，经皮肤
反射显得像是红色的，引起了河马出"血汗"的说法。</p>
        <p>河马极善游泳，在受惊时，一般避入水中。每天大部分时间在水中，潜伏水下时一般每 3、5 分钟把头露
出水面呼吸一次，但可潜伏约半小时不出水面来换气。它们的皮肤长时间离水会干裂。河马成对或结成小群活动，老年
雄性常单独活动。夜行性：它们几乎整个白天都在河水中或是河流附近睡觉或休息，晚上出来吃食，有时会顺水游出 30
多公里觅食。主要以水生植物为食；偶食陆地作物，以草为主，有时到田地去吃庄稼，食物短缺时，它们也吃肉，据称，
河马是陆地上最大的食肉动物(杂食)。河马无定居：不在一个地方长期停留，每隔数日便迁到新地方去。</p>
        <p>河马繁殖期不固定,全年均繁殖,每产一仔,孕期 227~240 天,仔兽出生时体重 27~45 公斤。在人为饲
养下约 3 岁性成熟,在野外 5、6 岁成熟。寿命 40~50 年。河马的皮下脂肪约 5 厘米厚。人们常猎杀它取其脂肪、肉和
厚皮。脂肪可得 90 公斤。当地人非常珍视它的肉,肉味略同于野猪肉。牙齿质量也很好,是珍贵的雕刻材料,可作为象
牙替代品。</p>
        </body>
</html>
```

本例题中除了运用"float:left"使得文字环绕图片以外，还运用了上一节中的首字放大的方法。可以看到，图片环绕与首字放大的方式是几乎完全相同的，只不过对象分别是图片和文字本身，显示效果如图 10-16 所示。

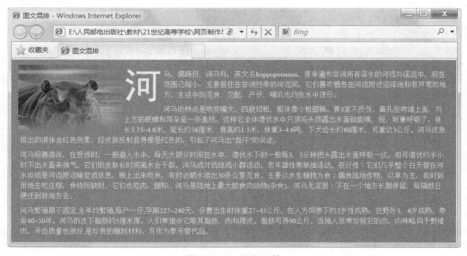

图 10-16　文字环绕

如果将"float"的值设置为"right"，图片将会移动至页面的右边，从而文字在左边环绕，读者可以自己试验。

10.6　CSS 设置页面背景

任何一个网上的页面，它背景的颜色、基调往往是给用户的第一印象，因此在页面中控制背景通常是网站设计时一个很重要的步骤。本节在合理运用文字、图片等的基础上，重点介绍 CSS 控制背景颜色、图片等的方法。

10.6.1　背景颜色

在 CSS 中页面的背景颜色就是简单的通过设置"body"标签的"background-color"属性来实现的，这在前些章节的例子中也反复用到。"background-color"属性不仅仅可以设置页面的背景颜色，几乎所有 HTML 元素的背景色都可以通过它来设定。因此很多网页都通过设定不同 HTML 元素的各种背景色来实现分块的目的，如例 10-15 所示。

【例 10-15】 设置背景颜色

```
<html>
<head>
<title>利用背景颜色分块</title>
<style>
<!--
body{
    padding:0px;
    margin:0px;
    background-color:#99DFFD;        /* 页面背景色 */
}
.topbanner{
    background-color:#D6EFE9;        /* 顶端 banner 的背景色 */
}
.leftbanner{
    width:22%; height:330px;
    vertical-align:top;
    background-color:#D6EFE9;        /* 左侧导航条的背景色 */
    color:#930;
    text-align:left;
    padding-left:40px;
    font-size:14px;
    font-weight:bold;
}
.mainpart{
    text-align:center;
}
-->
</style>
</head>
<body>
<table cellpadding="0" cellspacing="1" width="100%" border="0">
    <tr>
        <td colspan="2" class="topbanner"><img src="images/top.jpg" width="770"
        height="130" /></td>
    </tr>
```

```
    <tr>
        <td class="leftbanner">
            <br><br>首页<br><br>分类讨论
            <br><br>谈天说地<br><br>精华区
            <br><br>我的信箱<br><br>休闲娱乐
            <br><br>立即注册<br><br>离开本站
        </td>
        <td class="mainpart">正文内容...</td>
    </tr>
</table>
</body>
</html>
```

上例中将顶端的"banner"、左侧的导航条、中间的正文部分分别运用了三种不同的背景颜色，实现了页面分块的目的，显示效果如图 10-17 所示。这种分块的方法在网页制作中经常使用，简单方便。

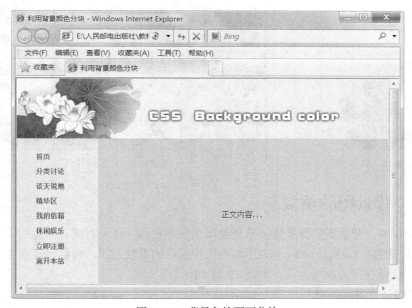

图 10-17　背景色给页面分块

上例中顶端的"banner"图片是一幅右端颜色渐变的图片，颜色由本身的图片过渡到页面的背景颜色，因此显得十分自然。这种效果在 Photoshop 中很容易实现，也是制作网页的常用方法。

10.6.2　背景图片

在 CSS 中给页面添加背景图片的方法就是使用"background-image"属性，直接定义其"url"值，浏览器就会自动将图片覆盖整个页面，如图 10-18 所示的图案（bg.png），如果给页面的"body"标签添加"background-image:url(images/bg.png);"，那么页面中所有地方，都会以该图片作为背景，其中"url"里的值可以用网站的绝对路径，也可以使用相对路径，如例 10-16 所示，其显示效果如图 10-19 所示。

【例 10-16】 设置背景图片

```
<html>
```

```
<head>
<title>应用背景图像</title>
<style>
<!--
body{
    background-image:url(images/bg.png);        /* 页面背景图片 */
}
-->
</style>
</head>
<body>
</body>
</html>
```

图 10-18　背景图案　　　　　　　　　图 10-19　背景图片

10.6.3　背景图的重复

在例 10-16 中，背景图案都是直接重复地铺满整个页面，这种方式并不适用于大多数页面。在 CSS 中可以通过"background-repeat"属性设置图片的重复方式，包括水平重复、竖直重复以及不重复等。以竖直方向重复为例，如例 10-17 所示。

【例 10-17】　背景图的重复

```
<html>
<head>
<title>背景重复</title>
<style>
<!--
body{
    padding:0px;
    margin:0px;
    background-image:url(images/bg.jpg);              /* 背景图片 */
    background-repeat:repeat-y;                       /* 垂直方向重复 */
    background-color:#6CF;                            /* 背景颜色 */
}
-->
</style>
</head>
<body>
```

```
</body>
</html>
```

其显示效果如图 10-20 所示，背景图片没有像前面的例子那样铺满整个页面，而只是在竖直方向上进行了简单的重复显示。

图 10-20　竖直方向上重复

如果将 background-repeat 的值设置为"repeat-x"，则背景图片将在水平方向上重复显示，读者可以自己试验，这里不再详细介绍。

10.6.4　背景样式综合设置

background 也可以将各种关于背景的设置集成到一个语句上，这样不仅可以节省大量代码，而且加快了网络下载页面的速度。例如：

```
background-color:red;                    /* 背景颜色 */
background-image:url(images/bg.jpg);         /* 背景图片 */
background-repeat:no-repeat;              /* 背景不重复 */
background-attachment:fixed;             /* 固定背景图片 */
background-position:8px 7px;             /* 背景图片起始位置 */
```

以上代码可以统一用一句 background 属性代替，如下：

```
background:red url(images/bg.jpg) no-repeat fixed 8px 7px;
```

两种属性声明的方法在显示效果上是完全一样的。第一种虽然冗长，但可读性强于第二种方法，读者可以根据自己的喜好选择使用。

10.7　使用 CSS 设置超链接效果

超链接是网页上最普通不过的元素，通过超链接能够实现页面的跳转、功能的激活等，因此超链接也是与用户打交道最多的元素之一。本节主要介绍超链接的各种效果，包括超链接的各种状态、伪属性、按钮特效等。

在 HTML 语言中，超链接是通过标签<a>来实现的，链接的具体地址则是利用<a>标签的 href 属性，如下所示：

```
<a href="http://www.baidu.com">百度</a>
```

在默认的浏览器浏览方式下，超链接统一为蓝色并且有下划线，被点击过的超链接则为紫色并也有下划线，如图 10-21 所示。

显然这种传统的超链接样式完全没法满足广大用户的需求。通过 CSS 可以设置超链接的各种属性，包括前面章节提到的字体、颜色、背景等，而且通过伪类别还可以制作很多动态效果，首先用最简单的方法去掉超链接的下划线，如下所示：

```
a{                                    /* 超链接的样式 */
    text-decoration:none;             /* 去掉下划线 */
}
```

此时页面效果如图 10-22 所示，无论是超链接本身，还是点击过的超链接，下划线都被去掉了，除了颜色以外，与普通的文字没有多大区别。

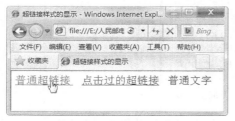
图 10-21　普通的超链接

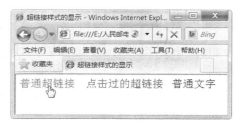
图 10-22　没有下划线的超链接

仅仅如上面所述的，通过设置标签"<a>"的样式风格来改变超链接并没有太多动态的效果。下面介绍 CSS 的伪类别（Anchor Pseudo Classes）来制作动态的效果，具体属性设置如表 10-1 所示。

表 10-1　CSS 的类别

属　　性	说　　明
a:link	超链接的普通样式风格，即正常浏览状态的样式风格
a:visited	被点击过的超链接的样式风格
a:hover	鼠标经过超链接上时的样式风格
a:active	在超链接上单击时，即"当前激活"时，超链接的样式风格

CSS 就是通过以上四个伪类别，再配合各种属性风格制作出千变万化的动态超链接。如例 10-18 所示，通过各方面配合制作出按钮式的效果，如图 10-23 所示。

图 10-23　按钮式超链接

【例 10-18】　设置按钮效果的超链接

首先跟所有 HTML 页面一样，建立最简单的菜单结构，本例直接采用"<a>"标签排列的形式，如下所示：

```
<body>
    <a href="#">首页</a>
```

```
        <a href="#">一起走到</a>
        <a href="#">从明天起</a>
        <a href="#">纸飞机</a>
        <a href="#">下一站</a>
        <a href="#">其它</a>
    </body>
```

此时页面效果如图 10-24 所示，仅仅只是几个普通的超链接堆砌。

图 10-24　普通超链接

然后对 "<a>" 标签进行整体控制，同时加入 CSS 的三个伪属性。对于普通超链接和单击过的超链接采用同样的样式风格，并且利用边框的样式模拟按钮效果。而对于鼠标经过时的超链接，相应地改变文字颜色、背景色、位置和边框，从而模拟出按钮 "按下去" 的特效，如下所示：

```
<style>
<!--
a{                                       /* 统一设置所有样式 */
    font-family: Arial;
    font-size: .8em;
    text-align:center;
    margin:3px;
}
a:link, a:visited{                       /* 超链接正常状态、被访问过的样式 */
    color: #666;
    padding:4px 10px 4px 10px;
    background-color: #ABFA5C;
    text-decoration: none;
    border-top: 1px solid #EEEEEE;       /* 边框实现阴影效果 */
    border-left: 1px solid #EEEEEE;
    border-bottom: 1px solid #717171;
    border-right: 1px solid #717171;
}
a:hover{                                 /* 鼠标经过时的超链接 */
    color: #666;                         /* 改变文字颜色 */
    padding:5px 8px 3px 12px;            /* 改变文字位置 */
    background-color: #ABFA5C;           /* 改变背景色 */
    border-top: 1px solid #717171;       /* 边框变换，实现 "按下去" 的效果 */
    border-left: 1px solid #717171;
    border-bottom: 1px solid #EEEEEE;
    border-right: 1px solid #EEEEEE;
}
-->
</style>
```

上例首先设置了 "<a>" 属性的整体风格样式，即超链接所有状态下通用的样式风格，然后通过对 3 个伪属性的颜色、背景色、边框的修改，从而模拟了按钮的特效，最终显示效果如图 10-25 所示。

图 10-25　最终效果

10.8　使用 CSS 设置项目列表

传统的 HTML 语言提供了项目列表的基本功能，包括顺序式列表"<ol>"标签，无顺序列表"<ul>"标签等。当引入 CSS 后，项目列表被赋予了很多新的属性，甚至超越了最初设计时它的功能。

在 CSS 中项目列表的编号是通过属性"list-style-type"来修改的，无论是"<ul>"标签或者是"<ol>"标签，都可以使用相同的属性值，而且效果是完全相同的，如例 10-19 所示。

【例 10-19】　设置列表项目的样式

```
<html>
<head>
<title>项目列表</title>
<style>
<!--
body{
    background-color:#c1daff;
}
ul{
    font-size:0.9em;
    color:#00458c;
    list-style-type:decimal;            /* 项目编号 */
}
-->
</style>
</head>
<body>
<p>四大名著</p>
<ul>
    <li>sanguo 三国演义</li>
    <li>honglou 红楼梦</li>
    <li>shuihu 水浒传</li>
    <li>xiyou 西游记</li>
</ul>
</body>
</html>
```

最终效果如图 10-26 所示。

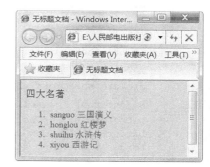

图 10-26　项目列表

10.9　实践与练习：使用 CSS 制作实用菜单

作为一个成功的网站，导航菜单是永远不可缺少的。导航菜单的样式风格往往也决定了整个网站的样式风格，因此很多设计者都会投入很多时间和精力来制作各式各样的导航条，从而体现网站的整体构架。本节围绕菜单的制作，介绍相关的项目列表、菜单变换、导航栏等内容。

图 10-27　无需表格的菜单

当项目列表的项目符号可以通过"list-style-type"设置为"none"时，制作各式各样的菜单、导航条成了项目列表的最大用处之一，通过各种 CSS 属性变换可以达到很多意想不到的导航效果。本实例效果如图 10-27 所示。

首先建立 HTML 相关结构，将菜单的各个项用项目列表"<ul>"表示，同时设置页面的背景颜色，如下所示：

```
body{
    background-color:#ACD5F9;
}
```

```
<body>
<div id="navigation">
    <ul>
        <li><a href="#">Home</a></li>
        <li><a href="#">News</a></li>
        <li><a href="#">Sports</a></li>
        <li><a href="#">Weather</a></li>
        <li><a href="#">Contact Me</a></li>
    </ul>
</div>
</body>
```

此时页面效果如图 10-28 所示，仅仅是最普通的项目列表。

图 10-28　项目列表

设置整个"<div>"块的宽度为固定像素，并设置文字的字体；设置项目列表"<ul>"的属性，将项目符号设置为不显示，如下所示：

```
#navigation {
    width:200px;
    font-family:Arial;
}
#navigation ul {
    list-style-type:none;        /* 不显示项目符号 */
    margin:0px;
    padding:0px;
}
```

通过以上设置后，项目列表便显示为普通的超链接列表，如图 10-29 所示。

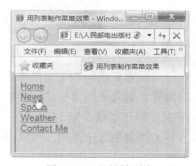

图 10-29　超链接列表

接下来为"<li>"标签添加下划线，以分割各个超链接，并且对超链接"<a>"标签进行整体设置，如下所示：

```
#navigation li {
    border-bottom:1px solid #FFF;  /* 添加下划线 */
}
#navigation li a{
    display:block;                          /* 区块显示 */
    padding:5px 5px 5px 0.5em;
    text-decoration:none;
    border-left:12px solid #090;   /* 左边的粗红边 */
    border-right:1px solid #090;   /* 右侧阴影 */
}
```

图 10-30　区块设置

以上代码中需要特别说明的是"display:block;"语句，通过该语句，超链接被设置成了块元素，当鼠标进入该块的任何部分时都会被激活，而不是仅仅在文字上方时才被激活。此时显示效果如图10-30 所示。

最后设置超链接的 3 个伪属性，以实现动态菜单的效果，如下所示：

```
#navigation li a:link, #navigation li a:visited{
    background-color:#40C712;
    color:#FFFFFF;
}
#navigation li a:hover{                        /* 鼠标经过时 */
    background-color: #090;                    /* 改变背景色 */
    color:#ffff00;                             /* 改变文字颜色 */
}
```

代码的具体含义都在注释中一一说明，这里不再重复，此时导航菜单便制作完成了，最终效果如图 10-31 所示，在 IE 与 Firefox 中显示一致。

图 10-31　导航菜单

最后需要说明的是，如果使用 IE 6.0 浏览器查看这个页面，就会发现鼠标并没有像上面演示的那样，而是必须要移动到文字的上面才能激活菜单项，这是由于 IE 6.0 存在的错误导致的，在 IE 7 中修正了这个错误。

为了避免这个错误，可以再将下面的代码：

```
#navigation li a{
    display:block;                              /* 区块显示 */
    padding:5px 5px 5px 0.5em;
    text-decoration:none;
    border-left:12px solid #711515;            /* 左边的粗红边 */
```

```
    border-right:1px solid #711515;            /* 右侧阴影 */
}
```

修改为：

```
#navigation li a{
    display:block;                             /* 区块显示 */
    width:200px;
    padding:5px 5px 5px 0.5em;
    text-decoration:none;
    border-left:12px solid #711515;            /* 左边的粗红边 */
    border-right:1px solid #711515;            /* 右侧阴影 */
}
```

这样就可以在 IE 6 中显示正确的效果了。

小　　结

本章中主要介绍了使用 CSS 的基本概念，以及使用 CSS 对网页上的不同元素进行设置的方法，包括文字、图像、超连接等。从这些案例中，请读者充分理解使用 CSS 对这些网页元素进行设置与使用 HTML 的属性对网页元素进行设置有什么区别和联系，从而理解 CSS 的核心思想——网页的内容结构与表现形式分离。

练　　习

10-1　使用 CSS 样式，可以设置文字的很多属性。下面不属于 CSS 可以设置的是（　　　）。

（A）颜色

（B）背景颜色

（C）边框

（D）行为

10-2　在 Dreamweaver 中，可以在"CSS 样式"面板中管理 CSS 样式并应用到网页中。对此，下列说法错误的是（　　　）。

（A）首先选择要应用样式的内容

（B）也可以使用标签选择器来选择要使用样式的内容

（C）选择要使用样式的内容，在"CSS 样式"面板中单击要应用的样式名称，就可以应用样式了

（D）应用样式的内容可以是文本或者段落等页面元素

10-3　制作一个网页，其参考效果如图 10-32 所示。要求使用 CSS 样式来定义两种样式。标题的文字大小为 12px，颜色为白色，背景为橘黄色，并且使用粗体；正文的文字大小为 9px，颜色为黑色，背景为肉色，不要使用粗体。两种样式的行高都是 20 像素，首行缩进 2 个字符。文字的内容在"Ch10→练习 10-3"文件夹中的"text.txt"。

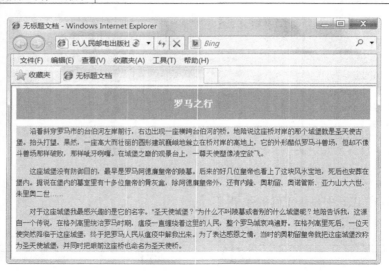

图 10-32　习题 10-3 图

第11章
网站制作综合实例

本章中将要为一个虚拟的公司制作一个完整的网站，通过从网站构思到绘制，再到页面编辑等操作，深入掌握网站的制作流程，以及制作页面时的一些小技巧等。本例最终效果如图 11-1 所示。

图 11-1　完成网站的制作

11.1　概　　述

通过前面的学习，我们已经对使用 Dreamweaver 制作网页有了一个整体的认识，本章通过制作一个完整的网站，将已经学到的知识融会贯通。

这个实例从创建站点到切图再到编辑页面，详细地讲解网站制作的每一个步骤。除了掌握网站制作的基本流程外，还要学会灵活使用 Dreamweaver 中的各项便捷功能。例如本例中，通过将表格中的图片修改成背景图片，可以使分割线不受表格尺寸的影响而自动延伸，另外掌握网页边框的延伸效果。

1. 网站策划

在实际工作中，要制作一个网站，首先要明确所要制作网站的主题是什么，它需要发布什么信息；其次是根据该网站的性质合理构思网站的布局。不同的网站有不同的风格，网站的功能设计也会有所不同，但是网站策划的原理和方法是相同的。

例如这里制作的是一个汽车公司自己的门户网站，明确主题之后，可绘制出网站结构图。这个过程没有什么特别约束，只要绘制出满意的效果就行。另外除了构思主页之外，网站的子页面也在思考范围之内。图 11-2 和图 11-3 所示的草图就是对这个网站的草图设计。

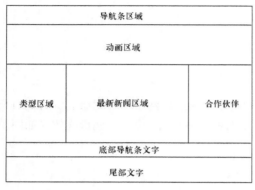

图 11-2　主页结构草图

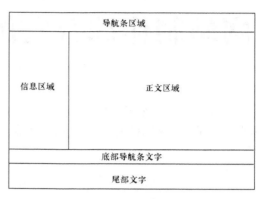

图 11-3　子页结构草图

有了网站结构以后，就要在结构上添加具体的内容。首先要想清楚页面上分别要放置哪些版块，每个版块上放置什么内容以及内容的数量等。如本例要制作的网站中，页面顶部为一个导航条，再接下来则是动画区域，然后才是正文部分和尾部区域。

这样，一个网站的策划工作就基本完成，当然读者在练习的时候不防将策划再做得详细一些，一个好的策划方案，可以使接下来的工作顺利进行，并可避免重复性的工作。

2. 绘制网站

网站策划完成后，接下来的工作就是将它制作出来。绘图软件比较多，最常用的是 Fireworks 和 Photoshop。这里使用 Photoshop 绘制网站内容。

首先来绘制网站的首页，在具体绘制网站时，要根据网站的主题为其选择一种适合的色调。现在要制作的是汽车公司自己的门户网站，根据主题可以知道该网站偏向于设计与色彩，因此在布局时要充分考虑到色彩的搭配，这样更能体现出汽车公司的优势。

本例中的首页效果如图 11-4 所示，有了首页的绘制之后，再绘制出它的二级页面，注意在绘制子页面时要考虑到它们的色调一致性。

3. 创建站点

（1）要创建站点，首先要创建一个文件夹，作为站点根目录。这里新建一个名为 "Car" 的文件夹。

该文件夹的存放地点根据读者自己电脑的分配空间和存放习惯决定，比如存在 E 盘。

图 11-4　绘制首页

（2）接下来双击"Car"文件夹，在该文件夹内再创建一个名为"images"的子文件夹。该文件夹将作为图片以及所有网站所需要图片素材的保存文件夹。

（3）创建好文件夹之后，运行程序 Dreamweaver CS5，接着选择"站点→新建站点"命令，准备创建一个新站点。

（4）选择了"新建站点"之后，会弹出"站点设置对象 未命名站点 2"对话框，在"站点名称"选项的文本框中输入"Car"，单击"本地站点文件夹"选项右侧的"浏览"按钮，在弹出的"选择根文件夹"对话框中选择刚建立的"Car"文件夹，如图 11-5 所示。

（5）完成上述操作之后，其余选项保持默认状态不变，单击对话框中下方的"保存"按钮，完成站点的创建。创建好站点后可在"文件"面板中查看到，如图 11-6 所示。

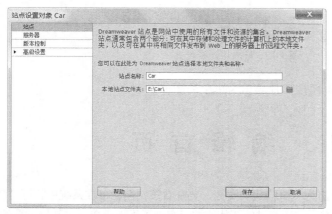

图 11-5　选择本地根文件夹

图 11-6　创建新站点

4．网站制作

有了构思，并且具体地绘制出了页面效果，接下来就是将绘制出来的图像应用到网页中去，实现真正的网站效果。

11.2　绘制切片并导出

前面已经完成了页面的绘制工作，本节就对页面进行切片处理。在切片时，要充分考虑切片之间合理分配。

（1）在 Photoshop 中打开第 3 节中绘制出来的首页图像，使用工具箱中的"切片"工具，对网页进行切分，这里只对需要的部位进行划分切片，如图 11-7 所示。

另外这里只切出有用的图像部分，正文或者白色背景部分没有绘制切片。这是为了减少导出的图像数量，而且正文可以直接到 Dreamweaver 中输入，如果正文带有纯色背景，也可以在编辑

图 11-7　划分需要的切片

页面时直接添加。这种做法可以减少网站的空间占用率。

（2）在绘制出需要保留的图像切片后，选择"文件→存储为 Web 所用格式"命令，弹出"存储为 Web 所用格式"对话框。在该对话框中，选择要存储的切片，并选择相应的格式及品质。

（3）单击"存储"按钮，弹出"将优化结果存储为"对话框。在该对话框中选择站点根目录下的图像文件夹"images"，作为图像的保存处。

（4）在"格式"选项的下拉列表中选择"仅限图像"选项，"切片"选项的下拉列表中选择"选中的切片"选项，如图 11-8 所示。

图 11-8　导出切片设置

（5）单击"保存"按钮，将页面按切片导出为单个的图像。

11.3　编　辑　首　页

通过上述步骤，已经将首页导出为网页格式的文档，要查看该文档，可在系统中打开"Car"文件夹中的"images"文件夹，可以发现被切割过的图片均被保存到了里面。接下来开始首页的编辑。

（1）在 Dreamweaver 中创建一个新文档，使文档与图像文件夹处于同一站点目录下。单击"属性"面板中的"页面属性"按钮，弹出"页面属性"对话框，在对话框中进行如图 11-9 所示的设置，单击"确定"按钮，完成页面属性的修改。

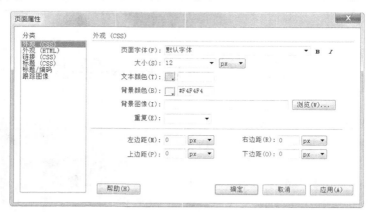

图 11-9　"页面属性"对话框

（2）单击"插入"面板"常用"选项卡中的"表格"按钮，在"表格"对话框中，将"行数"选项设为"1"，"列"选项设为"3"，"表格宽度"选项设为"980"像素，"边框粗细""单元格间距""单元格边距"选项均设为"0"，单击"确定"按钮，在页面中插入一个 1 行 3 列的表格。保持表格的选取状态，在"属性"面板"对齐"选项的下拉列表中选择"居中对齐"选项，效果如图 11-10 所示。

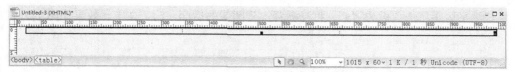

图 11-10　插入表格

（3）将光标置入到表格的后面，然后单击"插入"面板"常用"选项卡中的"表格"按钮囲，在"表格"对话框中，将"行数"选项设为"4"，"列"选项设为"1"，"表格宽度"选项设为"980"像素，"边框粗细""单元格间距""单元格边距"选项均设为"0"，单击"确定"按钮，在页面中插入一个 4 行 1 列的表格。保持表格的选取状态，在"属性"面板"对齐"选项的下拉列表中选择"居中对齐"选项，效果如图 11-11 所示。

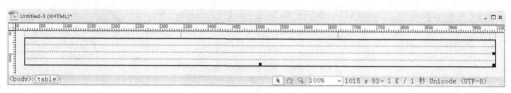

图 11-11　插入表格

（4）插入好表格之后别忘记保存文档，随时保存文档是一个很好的习惯。这里将该文档保存为"index.html"。

11.4　插入图像、动画和文字内容

完成表格的插入之后，在单元格内逐一插入相对应的图像、动画和文字内容。

（1）将光标置入到第 1 行第 1 列单元格中，在"属性"面板中，将"宽"选项设为"200"。单击"插入"面板"常用"选项卡中的"图像"按钮圆﹣，在弹出的"选择图像源文件"对话框中选择"images"文件夹中的"logo.png"文件，单击"确定"按钮，完成图像的插入。

（2）保持图像的选取状态，在"属性"面板中，将"水平边距"选项设为"20"，效果如图 11-12 所示。

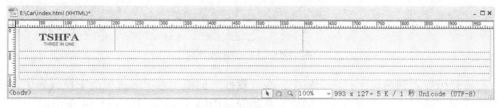

图 11-12　插入表格

（3）将光标置入到第 1 行第 2 列单元格中，在"属性"面板中，将"宽"选项设为"610"。在单元格中输入文字，并为文字添加空链接，如图 11-13 所示。

（4）将光标置入到第 1 行第 3 列单元格中，单击"插入"面板"常用"选项卡中的"图像"按钮圆﹣，在弹出的"选择图像源文件"对话框中选择"images"文件夹中的"tb.png"文件，单击"确定"按钮，完成图像的插入。

（5）保持图像的选取状态，在"属性"面板"对齐"选项的下拉列表中选择"绝对居中"选项，将"水平边距"选项设为"5"。将光标置入到图像的后面，输入文字，效果如图 11-14 所示。

图 11-13　输入文字并添加空链接

图 11-14　插入图像并输入文字

（6）将光标置入到第 2 个表格的第 1 行单元格中，单击"插入"面板"常用"选项卡中的"SWF"按钮 🔟，在弹出的"选择 SWF"对话框中选择"images"文件夹中的"dhd.swf"文件，单击"确定"按钮，完成动画的插入，如图 11-15 所示。

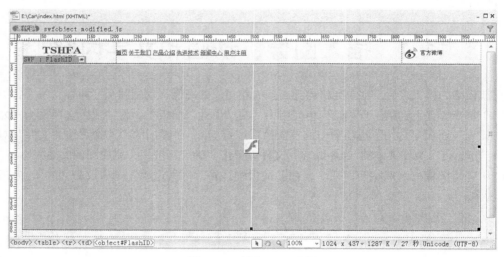

图 11-15　插入 Flsah 动画

（7）将光标置入到最后一行单元格中，在"属性"面板"水平"选项的下拉列表中选择"居中对齐"选项，将"高"选项设为"100"。在单元格中输入文字，如图 11-16 所示。

图 11-16　输入文字

11.5　插入嵌套表格

为了布局方便，有时我们在制作页面时需要表格嵌套。

（1）将光标置入到第 2 个表格的第 2 行单元格中，在"属性"面板中，将"高"选项设为"240"。在单元格中插入一个 1 行 5 列的表格，并在单元格中插入相应的图像，效果如图 11-17 所示。

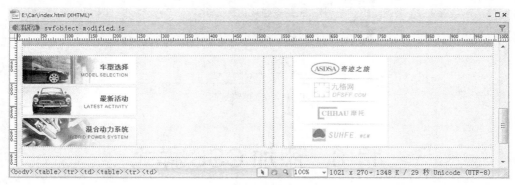

图 11-17　插入表格和图像

（2）将光标置入到刚嵌套表格的第 3 列单元格中，在该单元格中嵌入一个 2 行 2 列的表格，并在单元格中插入图像和文字，效果如图 11-18 所示。

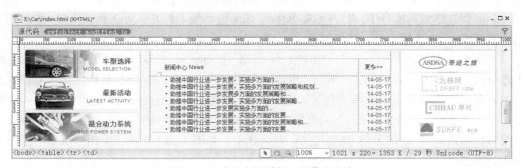

图 11-18　嵌入表格并插入图像和文字

（3）在第 2 个表格的第 4 行单元格中，嵌入一个 1 行 3 列的表格，并在表格中插入图像和输入文字，这里就不再细述插入图像和输入文字的方法了，效果如图 11-19 所示。

图 11-19　嵌入表格并插入图像和文字

（4）完成上述操作之后保存，按 F12 键预览页面效果，如图 11-20 所示。

图 11-20 预览页面

11.6 添加 CSS 样式

通过前面的操作，可以说这个页面就基本制作完成了。但是细心观察，还是可以发现在预览页面时，导航条文字紧密和缺少鼠标经过时的显示效果；正文区域的文字也比较紧密，而有些影响美观。要解决文字紧密和鼠标经过时的问题，只需要设置几个 CSS 样式即可。

（1）回到文档编辑窗口中，打开 CSS 面板。如果该面板未打开，可选择"窗口→CSS 样式"命令，或按 Shift+F11 组合键，将其打开。

（2）在 CSS 样式面板中，单击"新建 CSS 规则"按钮 ，在弹出的"新建 CSS 规则"对话框中进行设置，如图 11-21 所示，单击"确定"按钮，弹出".bg 的 CSS 规则定义"对话框，在左侧的"分类"选项列表中选择"背景"选项，单击"Background-image"选项右侧的"浏览"按钮，在弹出的"选择图像源文件"对话框中选择"images"文件夹中的"bj.jpg"文件，单击"确定"按钮，返回到".bg 的 CSS 规则定义"对话框中，如图 11-22 所示，单击"确定"按钮，完成样式.bg 的创建。

图 11-21 "新建 CSS 规则"对话框

图 11-22 bg 样式选项

（3）样式创建好之后，接下来就是将样式应用于页面。选中如图 11-23 所示的表格，在"属性"面板"类"选项的下拉列表中选择"bg"，应用样式。

图 11-23　选中表格

（4）为表格添加好背景图像后，下面我们来制作超链接的显示效果，但是页面中的超链接比较多，为了更好地控制每个超链接的显示效果，这里我们使用嵌套标签样式。

（5）单击文档窗口左上角的"拆分"按钮 拆分 切换到拆分视图，在代码<style>…</style>标签之间手动输入如图 11-24 所示的代码。输入好之后单击文档窗口左上角的"设计"按钮 设计 切换到设计视图。

（6）选中如图 11-25 所示的单元格，在"属性"面板"ID"选项的文本框中输入"dh"，文档窗口中的效果如图 11-26 所示。

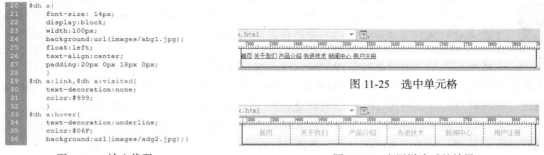

```
20  #dh a{
21      font-size: 14px;
22      display:block;
23      width:100px;
24      background:url(images/abg1.jpg);
25      float:left;
26      text-align:center;
27      padding:20px 0px 18px 0px;
28      }
29  #dh a:link,#dh a:visited{
30      text-decoration:none;
31      color:#999;
32      }
33  #dh a:hover{
34      text-decoration:underline;
35      color:#06F;
36      background:url(images/adg2.jpg);}
```

图 11-24　输入代码

图 11-25　选中单元格

图 11-26　应用样式后的效果

（7）用上述的方法为其他单元格添加 CSS 样式，这里就不再细述 CSS 样式的创建与应用了。设置好之后保存文档，按 F12 键预览效果，如图 11-27 所示。

图 11-27　效果预览

11.7　编辑二级页面并把它另存为模板

在上述一系列操作中，已经掌握了一个页面的制作流程。接下来就学习子页面的制作。

（1）首先在作图软件中绘制出子页面效果，这里在首页的基础上绘制出子页面图像。如图 11-28 所示。完成后不要忘记保存子页面。

图 11-28　绘制子页面

　如果子页面与首页的布局相差较大时，可以重新切图并到 Dreamweaver 中进行编辑。子页面的制作方法与首页的制作方法基本相同，都是从绘制到切图再到编辑的过程。

（2）这里主页与子页的设计结构相同，只是动画和正文部分分割有所区别而已。因此，这里无需重新进行切图，只要回到 Dreamweaver 中将首页文档另存为子页面，然后再对动画和正文区域进行编辑即可。这里将另存后的子页面更名为"jianjie.html"，如图 11-29 所示。

（3）修改子页面动画和正文区域的单元格和表格，然后添加与正文相关的信息或图片，最后保存并预览页面，完成子页面的制作，如图 11-30 所示。

图 11-29　生成子页面文档　　　　图 11-30　预览子页面

通过上面的制作，一个子页面就制作完成了。接下来准备将该子页面制作为模板，通过模板可以制作出若干个子页面，会减少很多重复性的工作。具体操作方法如下。

（1）要将制作好的子页面保存为模板，需要选择"文件→另存为模板"命令，在弹出的"另存为模板"对话框中，保持当前站点不变，将其重新定义名称，这里命名为"Tpl"，如图 11-31 所示。

（2）接下来单击"保存"按钮，此时会弹出一个提示信息框，单击"是"按钮完成模板的保存操作，如图 11-32 所示。

图 11-31　创建模板　　　　　　　　　　　　图 11-32　提示框

（3）存储了模板之后，接下来在模板中创建可编辑区域。这里将子页面中右侧的正文区域删除，只留下空白表格，如图 11-33 所示。

（4）将光标置入到如图 11-34 所示的单元格中，在"属性"面板"垂直"选项的下拉列表中选择"顶端"选项，设置当前单元格内容与单元格顶端对齐。

图 11-33　保存模板　　　　　　　　　　　　图 11-34　设置光标的位置

（5）选中如图 11-35 所示的表格，选择"插入→模板对象→可编辑区域"命令，或按 Ctrl+Alt+V 组合键，弹出"新建可编辑区域"对话框，在"名称"选项的文本框中输入"Edit1"，如图 11-36 所示。

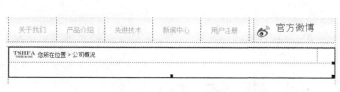

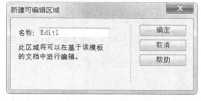

图 11-35　选中表格　　　　　　　　　　　　图 11-36　创建可编辑区域

（6）创建好可编辑区之后，保存模板后关闭模板文档。接下来就是应用模板生成其他的子页面。

11.8　利用模板生成其他子页面

利用模板生成其他子页面的基本步骤如下。

（1）首先创建一个新文档，然后选择"修改→模板→应用模板到页"命令，在弹出的"选择模板"对话框中，选择本例站点目录下的"Tpl"文档，如图 11-37 所示。

图 11-37　"选择模板"对话框

（2）选择了模板之后，对话框右侧的"选定"按钮将处于可用状态，单击该按钮，即可将模板应用到新文档中。接着保存一下该文档，这里将它命名为"qiche.html"。在制作网页的过程中要养成随时保存文件的习惯。

（3）接下来就是在可编辑区域内插入相关的正文信息。先将可编辑区域中的文字"公司简介"更换为"汽车展示"，如图 11-38 所示。

（4）在其他单元格中插入表格、图像和文本，并设置相关属性。制作好之后保存文档，按 F12 键预览效果，如图 11-39 所示。

图 11-38　在编辑区内输入标题　　　　　图 11-39　预览用模板生成的子页面

11.9　创　建　链　接

通过前面 7 个小节的设计与制作，一个汽车公司的门户网站结构就搭建完成了。现在为网站创建超链接，使各页面之间相互链接起来。

（1）首先打开主页面，即"index.html"文档。然后选择需要链接的图片或文字，比如这里选中导航条中的"关于我们"文字，如图 11-40 所示。

（2）选中文字之后打开"属性"面板，拖曳"指向文件"图标 至"文件"面板中的"jianjie.html"文档上，作为该图片的链接路径，再将目标

图 11-40　选择文字

选择为"_blank",如图 11-41 所示。这样链接生效后,链接的文档将在新窗口中打开。

图 11-41　为文字添加链接

完成了第一个文字的链接之后,接下来再创建一个文本链接。

(1)选中需要超链接的文字,例如这里选择导航条中的"产品介绍"文字,如图 11-42 所示。

(2)单击"属性"面板"链接"选项右侧的"浏览文件"按钮□,在弹出的"选择文件"对话框中,选择站点中的"qiche.html"文件,单击"确定"按钮,创建链接,在"属性"面板"目标"选项的下拉列表中选择"_blank"选项,如图 11-43 所示。

图 11-42　选择文字　　　　　　　　　　　　图 11-43　添加链接

(3)为主页添加超链接之后,保存并预览该文档。当鼠标左键单击链接文字时,就会在新窗口中弹出子页面,如图 11-44 所示。

图 11-44　预览链接

(4)以同样方法可以为主页中的若干文字或者图片添加超链接,这里就不再逐一进行讲解了。完成主页的超链接后,再打开"jianjie.html"子页面,选中导航条中的"首页"文字,如图 11-45 所示。

(5)单击"属性"面板"链接"选项右侧的"浏览文件"按钮□,在弹出的"选择文件"对话框中,选择站点中的"index.html"文件,单击"确定"按钮,创建链接,在"属性"面板"目标"选项的下拉列表中选择"_blank"选项,如图 11-46 所示。其他的链接方法相同,这里就不再细述了。

(6)为"jianjie.html"页面添加好超链接之后,保存文档。

图 11-45　选择文字 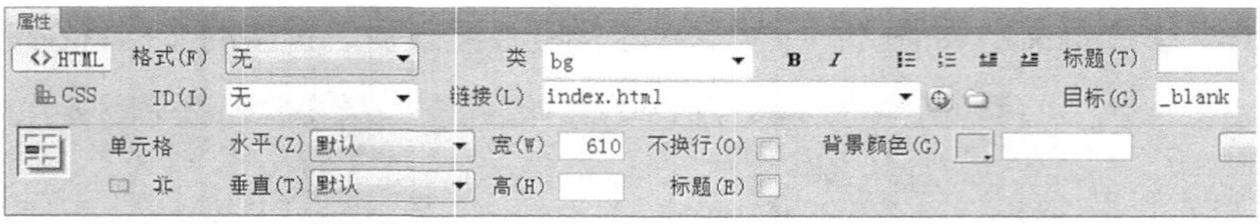　　　　　　　　　　图 11-46　添加链接

另外，子页面"qiche.html"是由模板生成的，如果要在该页面的导航栏上添加超链接，则应该回到模板状态下才能进行修改。要打开模板可以在"文件"面板中打开"Templates"文件夹，从中双击模板文档"Tpl.dwt"，如图 11-47 所示。

（1）打开模板文档后，可以对文档窗口中的图片或者文字创建超链接，创建链接方法与标准文档下完全一致。例如这里选中导航条的"首页"文字，并将该文字链接到"index.html"文档中。

（2）创建好链接之后，使用键盘上的 Ctrl + S 组合键，快速执行"保存"命令。此时会弹出"更新模板文件"对话框，此对话框中会显示所有基于模板的文件。单击对话框右侧的"更新"按钮，可将基于模板的文档都更新，如图 11-48 所示。

图 11-47　打开模板

（3）单击了"更新"按钮后，会弹出"更新页面"对话框，系统会自动更新所有基于模板的文档。当更新完成后对话框右侧的"完成"按钮会处于不可用状态。此时只需要单击"关闭"按钮，即可完成模板的更新操作，如图 11-49 所示。

图 11-48　"更新模板文件"对话框

图 11-49　完成所有基于模板的文件更新

11.10　检 查 站 点

在将网页传到远程服务器之前，要检查文件。上面已经介绍了在浏览器中预览网页从而测试文档的方法，现在将介绍如何使用其他 Dreamweaver 工具来测试网页。

本节首先介绍如何给一个文件添加设计备注，然后将介绍如何在站点的文件上运行一个站点报告。

11.10.1　设计备注

设计备注是一个很好的管理站点的办法，它是在文档的"文件"面板中插入注释，可以用来安排工作计划，在文件中设置跟踪注释。如果用户是工作组中的成员，这将有利于其他成员理解用户的文件。为站点页面的一个变化生成设计备注的方法如下。

（1）打开网站中的任意一个页面。选择"文件→设计备注"命令，弹出"设计备注"对话框，如图 11-50 所示。

（2）在"基本信息"对话框中，选择"状态"下拉列表框中的某一个选项，表示该页面所处的状态，如草稿、最终版等。对于现在制作的这个网站，由于页面数量很少，因此即使没有这样的备注也不会有什么问题。但在真正的网站开发过程中，由于页面数量要大得多，结构也很复杂，这样的备注对于网站的开发非常有帮助。

图 11-50　填写设计备注

（3）然后单击"日历"图标，在"备注"文本框中加入日期。在"备注"文本框中单击，输入一些说明性的文字。如果选中"文件打开时显示"复选框，那么当文件打开时，设计备注也自动打开。接着单击"确定"按钮关闭对话框，然后将当前文档关闭。

11.10.2　站点报告

可以运行站点报告来检查 HTML 文件管理工作流程，这里说明如何运用报告来查看站点中是否有的文档中存在没有用的空标签。

（1）首先选择"站点→报告"命令，弹出"报告"对话框。在"报告"对话框的下拉列表中选择"整个当前本地站点"，表示检查这个站点。然后在"HTML 报告"下选中"可移除的空标签"复选项。

（2）接着单击"运行"按钮运行报告，这时会在"结果"面板中列出所有存在空标签的文档，如图 11-51 所示。

（3）用鼠标双击其中任意一行，在 HTML 窗口中会自动定位到有问题的位置，如图 11-52 所示，在报告结果的第 2 行中指出有一个"<i></i>"标签是可以删除的，双击这一行以后，这对"<i></i>"标签就被高亮显示了。

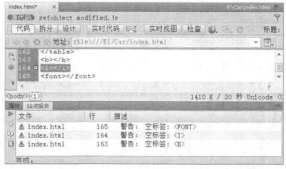

图 11-51　站点报告的结果　　　　　　图 11-52　根据报告修改文档

（4）这时可以依次修改文档，删除没必要的标签，然后保存和关闭刚才修改的文件。站点报告还可以检查很多项目，这里就不一一介绍了。有兴趣的读者，可以在使用的时候参考帮助文件。

这样，在经过了充分检查和测试以后，确保网页内容和结构正确、网页之间链接无误就可以将网站上传到服务器上了。上传的过程，这里就不再详细介绍了，本书第 5 章进行了比较详细的介绍。

小　　结

本章内容是一个综合实践的环节，通过一个完整的网站制作全过程，使读者熟悉网站设计与制作的工作流程。这里又一次印证了，网页设计是一个综合性相当强的工作，涉及的步骤也比较繁多，希望读者通过这个案例，可以更深入地理解其中的原理和工作流程。

练　　习

11-1　请描述设计制作一个网站的基本流程，参与该流程的人员，以及相应的职责。

11-2　使用布局表格的功能制作一个页面，参考效果如图 11-53 所示。

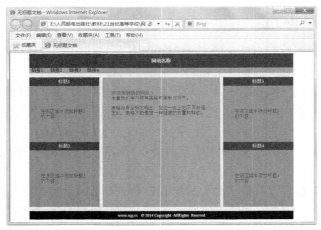

图 11-53　习题 11-2 图

要求：

（1）用"表格"名字制作页面的布局，行数和列数要与图中所示一致；

（2）在单元格内进行背景设置，要求整体协调；

（3）创建 2 个 CSS 样式，左上方标题的文字为白色，16 像素；网页中部标题的样式为褐色，12 像素，加粗；

（4）其他文字可以自由填写，但是要求整体外观整洁、美观。

11-3　为你的班级设计一个网站，首先确定网站的结构和栏目，然后根据本课程学到的各种技术，制作该网站。尽可能发挥你的创意才能，使这个网站生动有趣、丰富多彩。

第12章
服务器端程序开发入门

本章的目的是使读者对如何使用 Dreamweaver CS5 来开发服务器端的程序有一个初步的了解，并不做很深入的探讨。服务器端程序开发有很多选择，如 ASP、ASP.Net、JSP、ColdFusion、PHP 等，这里以最常见的 ASP 为例来讲解。在开始编写 ASP 程序之前，开发者首先需要对网页的"动态"和"静态"概念有一个认识。这里所说的动、静并非网页上文字或图片的运动或静止，而是内容的"改变"或"固定"。同时，还需要对 ASP 的工作原理有一个初步的认识，为熟练使用 ASP 打下基础。

12.1　动态网页与 ASP

首先来了解静态页面和动态页面的区别。普通网页是用 HTML 语言编写的，被称为静态页面。一旦写好，除非改写这些 HTML 源代码，否则无法更改网页上的内容。这类网页是以".htm"或".html"结尾的。

这样就会遇到一些问题无法解决。比如说，一个网站希望向访问者提供全世界 1000 个地区的天气预报信息，如果只有 HTML 作为工具，就必须每天为每个城市开发一个页面，以便访问者找到某一城市相应的页面来获取信息。可想而知，如果每天要制作这么多网页，需要很大的人力。如果有了 ASP，情况就不同了。只需制作一个页面，这个页面显示的天气信息来自相应的数据库，即页面的样子都是通过 HTML 来做好的，只是相应的数据从数据库中获取。那么只要做好一个页面，就可以根据不同的城市代码，从数据库中获取相应的数据，从而实现"一劳永逸"的效果。

依靠这样的思路，为了达到便捷地更改网页内容的需要，人们把网页、数据库以及程序中的变量等概念联系起来，创造了"动态页面"的概念。这种页面实质上是 HTML 和一些语言的结合。如 ASP 是 HTML 和 VBScript 的结合，然后再结合了数据库（用来存放信息的地方）的操作。

一个 ASP 文件的后缀为".asp"，其内容包含实现动态功能的 VBScript 或 JavaScript 语句，如果去掉那些 VBScript 或 JavaScript 语句，它和标准的 HTML 文件没有任何区别。

此外，ASP 提供了一些内建对象。利用这些内建对象，可以使脚本更加强大。例如可以方便地实现从浏览器中接收和发送信息等。

更为重要的是，ASP 可以和诸如 Access、SQL Server 这样的数据库进行挂接。对于在线商务、在线论坛这样的各种更为复杂、需要动态更新的站点都需要数据库的支持，而且需要随数据库内容的更新而自动更新。

通过上面的描述可以了解到，ASP 就是由服务器端脚本、对象以及组件拓展形成的标准网页

（也可以理解为在普通的网页中"嵌入"了一些扩展的指令）；另一方面，ASP 也可以理解为一种支持 ASP 扩展的 Web 服务器环境。它最终显示在浏览器中的网页并不是在建立初期就存在的，而是当某个浏览器向 Web 服务器提出请求时，它才根据需要产生标准网页，这克服了过去用 HTML 编写的网页不能更改的缺点，从而使网页上可以存在许多动态的信息。

ASP 是一套服务器端的脚本运行环境，当用户从浏览器向 Web 服务器请求一个".asp"文件时，Web 服务器并不是像处理普通的 HTML 文件那样直接传送给浏览器，而是全面读取请求的文件，并执行该文件中包含的所有脚本命令，然后生成一个标准的 HTML 页面传送给浏览器，即把含有 ASP 指令的那部分语句替换为标准的 HTML 语句之后，再传送回浏览器。

现在来比较下面两段代码。

代码 1：

```html
<html>
    <head></head>
    <body>
        Hello world!
    </body>
</html>
```

代码 2：

```html
<html>
    <head></head>
    <body>
        <% response.Write("Hello world!") %>
    </body>
</html>
```

可以看到，除了粗体字的一行之外，两段代码都是相同的。对于安装了 ASP 支持环境（例如 Windows 2000 自带的 IIS 程序）的 Web 服务器，当它"读"到第二段代码中的粗体字的"<%"符号时，它就知道，下面开始的是 ASP 脚本了，从而把包括在一对"<%"和"%>"中的内容根据 ASP 的规则转换为"Hello world!"，然后再传递给浏览器。也就是说，对于浏览器而言，它"看到"的仍然是第一段代码。

因此，对于 Web 服务器来说，ASP 与 HTML 有着本质的区别。HTML 不经任何处理送回给浏览器，而 ASP 的每一个命令都首先被用来生成 HTML 代码，然后再送回给浏览器。

另一方面，对于浏览器来说，ASP 和 HTML 几乎是没有区别的，仅仅是后缀为".asp"和".htm"的区别。当浏览器提出对 ASP 文件的请求后，接收到的仍然是标准 HTML 格式的文件，因此它适用于任何浏览器。

根据以上特性，可以用 ASP 方便地实现诸如表格信息收集、计数器、留言簿、公告板、聊天室甚至电子商务等必须要数据库和文件操作支持的功能。希望读者通过本节的学习，能够理解 ASP 的内部运行机制。

12.2　ASP 的开发

了解了 ASP 的基本工作原理以后，就可以动手编写 ASP 程序了。但是 ASP 网页只有被服务器解析以后才能被客户端浏览器正常访问，即服务器端需要配置解析 ASP 程序的环境。本节首先介绍 ASP 常用运行环境的配置方法，然后介绍几个最基本的 ASP 程序，目的是希望读者对 ASP 的内部运行机制有更深刻的理解。

12.2.1　ASP 运行环境及配置

编写 ASP 网页与编写普通的 HTML 网页的一个不同之处在于：编写 HTML 网页，只要有 IE 等浏览器就可以立即看到网页效果了；而编写 ASP 网页仅有浏览器是不行的，因为浏览器并不认识网页中的 ASP 指令，因此必须在开发者的计算机上安装并配制好 ASP 的运行环境，才能对开发的网页进行测试。

ASP 是微软公司开发的服务器端脚本环境。对于 Windows7、Windows 2000 和 Windows XP 操作系统，它内含于 IIS（Internet Information Server）组件程序中。通常开发动态网站都使用 Windows 7、Windows 2000 或 Windows XP 系统，因此本书的所有例子都是建立在 IIS 的基础上，并且只讲述 IIS 的使用方法。

本节介绍如何配置 IIS，只有配置好了 IIS，才能正确地实现本章的实例。

下面来看看如何在 Windows 7 上配置 IIS。默认情况下，安装 Windows 7 时，并不会自动安装 IIS，需要使用"控制面板"中的"添加/删除程序"来安装 IIS，具体过程如下。

（1）选择"开始→控制面板"命令，然后在弹出的窗口中选择"程序"选项，如图 12-1 所示，在弹出的窗口中选择"打开或关闭 Windows 功能"选项，出现"Windows 功能"对话框，如图 12-2 所示。

图 12-1　控制面板　　　　　　　　　图 12-2　"Windows 功能"对话框

（2）在"Windows 功能"对话框中选中"Internet 信息服务"复选框以及下面的子复选框，如图 12-3 所示，然后单击"确定"按钮，等待几分钟，这样 IIS 就可以安装到系统中了。

在 IIS 安装完成以后，需要进行配置，可以按照如下步骤操作。

（1）选择"开始→控制面板→系统和安全→管理工具"，双击"Internet 信息服务管理器"选项，出现"Internet 信息服务管理器"对话框，如图 12-4 所示。

（2）单击图 12-4 所示左侧窗口中的小三角图标，弹出子菜单，如图 12-5 所示。单击"网站"左侧的小三角图标，选中"Default Web Site"，如图 12-6 所示，双击中间窗口的"ASP"选项，弹出窗口如图 12-7 所示，并将"启用父路径"改为"True"。

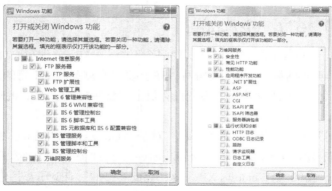

图 12-3　选中"Internet 信息服务"

图 12-4　Internet 信息服务管理器 1

图 12-5　Internet 信息服务管理器 2

图 12-6　Internet 信息服务管理器 3

图 12-7　ASP 选项

（3）选中"Default Web Site"返回图 12-6 所示窗口，单击右侧窗口的"高级设置"，弹出图 12-8 所示窗口。

（4）"物理路径"选项：用来修改网站的目录。默认情况下，Windows 将目录设置为\Inetpub\wwwroot，可以在"物理路径"后面的输入框中将目录修改为其他目录，方便对文件进行管理，如图 12-9 所示。

（5）下面开始测试一下安装和配置的 IIS 是否正确。在上一步所设置的 IIS 主目录下建立hello.asp，内容如下：

```
<html>
    <body>
    <table width="636" height="181" border="1" align="center">
        <tr>
            <td align="center" valign="middle">
                这是使用ASP显示的hello world: <br>
                <%
                response.Write("Hello world!")
                %>
```

```
                    </td>
            </tr>
        </table>
        </body>
    </html>
```

图 12-8　高级设置　　　　　图 12-9　配置物理路径

（6）打开 Internet Explorer 浏览器，在地址栏中输入"http://localhost/hello.asp"，如果出现如图 12-10 所示的页面，则表示 IIS 安装、配置成功了。

在 ASP 中，所有脚本命令都由符号"<%"和"%>"包含，任何在这对符号中包含的内容都被认为是一段 ASP 脚本，可以在其中插入任何命令，只要这个命令对正在使用的脚本语言有效即可。

图 12-10　第一个 ASP 程序

注意：如果读者的计算机不是 32 位操作系统，而是 64 位操作系统，那么还需要增加一个步骤。因为 64 位操作系统不支持 ASP 连接 Access 数据库，必须增加一个配置。

首先，在 IIS 管理器主界面（见图 12-11）右侧窗栏单击"查看应用程序池"选项，弹出如图 12-12 所示窗口。

图 12-11　查看应用程序池

图 12-12　应用程序池

然后，单击右侧窗栏的"设置应用程序池默认配置..."，弹出如图 12-13 所示窗口。将"启用 32 位应用程序"后面的选项改为"True"，单击"确定"按钮，完成配置。

图 12-13　应用程序池默认设置

12.2.2　熟悉 ASP 程序

下面通过一个例子来熟悉 ASP 程序的编写。上面已经举过一个最简单的使用 ASP 来输出 "Hello World!" 文本的例子，现在再把它扩展一下，使它能显示当前时间。最终的显示时间的效果如图 12-14 所示。

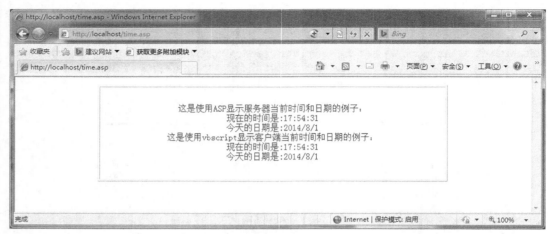

图 12-14　时间例子

可以看到，网页上分别显示了服务器端的时间和日期，以及浏览器所在的客户端机器的时间和日期，看起来二者是相同的。但是如果我们把这个网页上传到远程的服务器上，然后在本地浏览这个网页，二者就会不同了。因为前面显示的是服务器端的时间，后面显示的是浏览器所在的计算机的时间。

下面来实际操作，首先编写该程序的静态框架：

```html
<html>
    <body>
    <table width="636" height="181" border="1" align="center">
        <tr>
            <td align="center" valign="middle">
            </td>
        </tr>
    </table>
    </body>
</html>
```

然后在单元格中添加获取服务器端时间的代码：

这是使用 ASP 显示服务器当前时间和日期的例子：`<br>`

```
<%
    response.Write("现在的时间是:"&time)
    response.Write("<br>")
    response.Write("今天的日期是:"&date)
%>
```

其中 "response.write()" 的作用前面已经介绍过了，即输出参数中的字符串，其中 "现在的时间是："被双引号包含起来，会被作为字符串处理，直接输出；而 "time" 则是一个不带参数的 VBScript 的函数，它的返回值就是当前的时间，并作为变量输出。这个时间和前面的字符串之间用一个"&"运算符来连接，成为一个字符串。

接下来，在它的后面编写一段获取当前日期的语句，与获取当前时间类似，只是使用 VBScript 的另一个函数 date，这里不再赘述。

由于这段代码包含在"<%"和"%>"中，因此将被服务器解析，这个解析过程运行于服务器上，因此 time 函数和 date 函数分别得到的是服务器端的时间和日期，而不是客户端的时间和日期。

至于如何获取客户端也就是浏览器所在的计算机的时间，这里就不具体介绍了，完整的网页代码如下：

```
<html>
<body>
<table width="636" height="181" border="1" align="center">
  <tr>
    <td align="center" valign="middle">
        这是使用 ASP 显示服务器当前时间和日期的例子: <br>
        <%
         response.Write("现在的时间是:"&time)
         response.Write("<br>")
         response.Write("今天的日期是:"&date)
        %>
        <br>这是使用 vbscript 显示客户端当前时间和日期的例子: <br>
        <script language="VbScript">
         document.Write("现在的时间是:"&time)
         document.Write("<br>")
         document.Write("今天的日期是:"&date)
        </script>
    </td>
  </tr>
</table>
</body>
</html>
```

希望读者能够对代码中两段粗体字的部分进行比较，真正理解它们的执行过程。一定要理解为什么最终的网页上，同样用的"time"函数，二者显示的时间却不尽相同。读者学到这里，应该能够自己想出浏览器"读"到的最终网页是什么样的。选择浏览器的"查看"菜单，再选择"源文件"命令，可以看到如下代码：

```
<html>
<body>
<table width="636" height="181" border="1" align="center">
  <tr>
    <td align="center" valign="middle">
        这是使用 ASP 显示服务器当前时间和日期的例子: <br>
        现在的时间是:17:54:31<br>今天的日期是:2014-8-1
        <br>这是使用 vbscript 显示客户端当前时间和日期的例子: <br>
        <script language="VbScript">
         document.Write("现在的时间是:"&time)
         document.Write("<br>")
         document.Write("今天的日期是:"&date)
        </script>
```

```
    </td>
  </tr>
</table>
</body>
</html>
```

可以清楚地看到，前面一段代码已经被替换为静态文本了，而后者仍然保持着原来的样子。到这里读者应该能够更清楚地了解 ASP 的内部运行机制。

12.3　使　用　表　单

很多人有填写问卷调查表的经历，通常见到的问卷调查表是以纸张作为载体，由组织者负责发放、回收和统计。这节要讲到的表单也可以实现这种功能，所不同的是通过表单实现的问卷调查表是以网页作为载体，随着网站的发布而发布到网上，由后台处理系统回收并统计出调查结果。

图 12-15 所示的就是一个典型的含有表单的页面，它执行新用户注册功能，通过表单可以将新用户注册的信息发送到后台程序处进行处理，HTML 提供的表单起到信息载体的作用。由此可见，表单需要与后台处理程序相配合才能完成整个注册功能。

图 12-15　表单实例

其实，表单所能实现的功能要远远多于问卷调查表这一功能，它还可以实现网上投票、网上注册、网上登录、网上发信和网上交易等功能。表单的出现已经使网页从单向的信息传递发展到能够实现与用户的交互对话，使网页的交互性越来越强。

网页中的表单，如同文本和图像一样，都是页面元素对象中的一种。表单由表单对象组成，表单对象主要有文本域、隐藏域、按钮、复选框、单选按钮、列表/菜单、跳转菜单、文件域和图像域等，整个表单又可以作为页面的对象。下面将讲解表单中常用的表单对象的用法。

12.3.1　插入文本域

文本域可以显示为单行，即文本字段；也可以显示为多行，即文本区域；还可以以密码的方式显示，即密码域。以密码的方式显示的文本域，通常会将输入的文本替换为星号或项目符号，以防止别人看到这些密码文本。

插入网页文本域，主要通过"插入"面板和"插入"菜单来实现。在页面中插入文本域，具体的操作步骤如下。

（1）打开素材"留言板网页"文件夹中的"index.html"文件，如图 12-16 所示。将光标置入到要插入表单的位置，如图 12-17 所示。

图 12-16　打开素材文件　　　　　　　　图 12-17　定光标位置

（2）然后单击"插入"面板"表单"选项卡中的"表单"按钮，在光标所在位置插入一个表单标签，如图 12-18 所示。因为表单由表单对象组成，而表单对象是放于表单之中的，所以在插入表单对象之前要插入表单标签。

（3）将光标置于代表表单的红色虚线框中，在表单中插入表格并设置表格的属性，输入辅助性说明文字，如图 12-19 所示。

（4）将光标置入到"姓名"右侧的单元格中，单击"插入"面板"表单"选项卡中的"文本字段"按钮，则会在页面中插入一个文本字段表单对象，如图 12-20 所示。

图 12-18　插入表单　　　图 12-19　插入表格及输入文字　　　图 12-20　插入文本字段

（5）选择"窗口→属性"命令，或按 Ctrl+F3 组合键，打开"属性"面板。

（6）在文档窗口中，选中文本字段表单对象，在"属性"面板中可以看到文本字段的属性项，如图 12-21 所示。

图 12-21　文本字段"属性"面板

"属性"面板的左上方有一个缩略图，在它右边的"文本域"下方的文本框中可以输入文本域的名称。表单对象的名称中不能包含空格或者特殊字符，每个文本域都必须有一个唯一名称，所选名称必须在该表单内唯一标识该文本域。

① "字符宽度"：用于设定该文本域的宽度。

② "最多字符数"：用于设置文本域中最多可输入的字符数。

③ "类型"：用于设定域的类型为单行、多行还是密码方式。

④ "初始值"：该项用于设置当表单初次被载入时，文本域中所显示的内容。

从"类型"一项可以看出文本域有 3 种类型，即单行、多行和密码，它们分别对应着"文本字段""文本区域"和"密码域"这 3 种类型的表单对象。对于文本区域这一表单对象的插入，既可以通过"插入→表单→文本区域"命令，也可以通过更改文本字段表单对象的属性来完成；而对于密码域，则只能通过更改文本字段表单对象的属性来创建，不能通过"插入"菜单或者"插入"面板来创建。

（7）将光标置入到"密码"右侧的单元格中，然后单击"插入"面板"表单"选项卡中的"文本字段"按钮，则会在光标所在位置插入一个文本字段表单对象。

（8）选中该文本字段表单对象，在"属性"面板"类型"单选项组中选择"密码"，则创建一个密码域。

（9）将光标置入到"E-mail"右侧的单元格中，然后单击"插入"面板"表单"选项卡中的"文本字段"按钮，则会在光标所在位置插入一个文本字段表单对象。

（10）将光标置入到"意见"右侧的单元格中，单击"插入"面板"表单"选项卡中的"文本字段"按钮，则会在光标所在位置插入一个文本区域，此时页面的效果如图 12-22 所示。

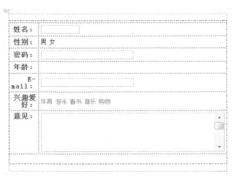

图 12-22　插入文本域

（11）选中文本区域表单对象，在"属性"面板中可以看到文本区域的属性项，如图 12-23 所示。

图 12-23　文本区域"属性"面板

与文本字段和密码域的"属性"面板相比，可以看到文本区域的"属性"面板发生了变化，它没有"最多字符数"一项，却增加了"行数"和"换行"两项。"行数"用于设定文本区域的行数，从而可以控制文本区域的显示高度；"换行"用于设定当文本区域中输入的信息较多、无法在定义的文本区域中显示时，如何显示输入的内容。

12.3.2　插入单选按钮和复选框

使用单选按钮，则只能在一组选项中选择一个选项；使用复选框，则可以在一组选项中选择多个选项。单选按钮通常成组地出现，在同一个组中的所有单选按钮必须具有相同的名称。

（1）为刚才的文档继续添加表单，将光标置入到文字"男"的前面，然后单击"插入"面板"表单"选项卡中的"单选"按钮 ⊙，则会在光标所在位置插入一个单选表单对象，如图 12-24 所示。

（2）选中单选按钮表单，按 Ctrl+C 组合键将其复制，将光标置入到文字"女"的前面，按 Ctrl+V 组合键将复制的单选按钮粘贴，如图 12-25 所示。

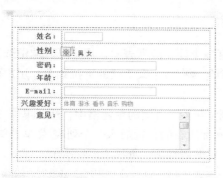

图 12-24　插入单选按钮

图 12-25　粘贴单选按钮

（3）选中第 1 个单选按钮，"属性"面板变为单选按钮的属性项，如图 12-26 所示。

"属性"面板的左上方有一个缩略图，在它的右边的"单选按钮"下方的文本框中可以输入单选按钮的名称。

图 12-26　单选按钮"属性"面板

① "选定值"：用于设定在单选按钮被选中时发送给服务器的值。

② "初始状态"：用于设定在浏览器中初次载入表单时，该单选按钮是否被选中。

（4）将第 1 个单选按钮的"初始状态"设为"已勾选"，效果如图 12-27 所示。

（5）将光标置入到文字"体育"的前面，然后单击 "插入"面板"表单"选项卡中的"复选框"按钮 ☑，则会在光标所在位置插入一个复选框表单对象。

（6）选中复选框表单对象，按 Ctrl+C 组合键将其复制，将光标置入到文字"游泳"的前面，按 Ctrl+V 组合键将复制的复选框粘贴。用相同的方法在其他文字的前面粘贴复选框，效果如图 12-28 所示。

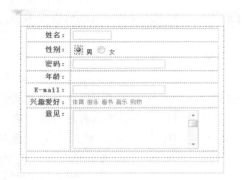

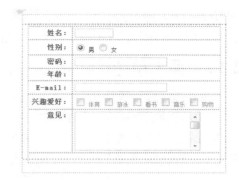

图 12-27　设置单选按钮属性　　　　　　　图 12-28　插入复选框表单

复选框的"属性"面板与单选按钮的"属性"面板类似，这里就不再讲解了。

12.3.3　插入列表/菜单

使用列表表单对象，可以为页面插入一个包含有多个项目的列表框，用户可以从中选择一个列表项；使用菜单表单对象，可以为页面插入一个包含有多个菜单项的下拉菜单，用户可以从中选择一个菜单项。

（1）为刚才的文档继续添加表单，将光标置入到"年龄"右侧的单元格中，然后单击"插入"面板"表单"选项卡中的"列表/菜单"按钮，在光标所在的位置插入一个列表/菜单表单对象。

（2）选中该表单对象，"属性"面板变为列表/菜单的属性项，如图 12-29 所示。

图 12-29　列表/菜单"属性"面板

"属性"面板的左上方有一个缩略图，在它右边的"列表/菜单"下方的文本框中可以输入列表/菜单的名称。

①　"类型"：用于在菜单方式和列表方式之间进行切换。

②　"列表值"：用于向列表/菜单中添加选项。

③　"初始化时选定"：用于设定列表/菜单中默认选定的项目。菜单只能在初始状态选定一个选项；而列表如果勾选上面的"允许多选"复选框，则可以在初始状态选定多个选项。

如果将"类型"设定为"列表"，则图 12-29 中灰色的选项变为可用。

④　"高度"：该项用于设置列表在浏览器中显示的项数。

⑤　"选定范围"：如果勾选"允许多选"复选框，则可以从列表项中选择多个项目。

（3）在"类型"选项中选中"菜单"单选按钮，然后单击"列表值"按钮，将会打开"列表值"对话框，如图 12-30 所示。

（4）在"项目标签"列中输入菜单项目的名称，在"值"中输入相同的名称。

（5）单击 + 按钮增加一些菜单项目；单击 − 按

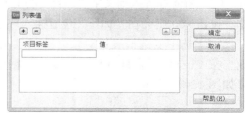

图 12-30　"列表值"对话框

钮可以删除菜单项目，单击▲按钮可以将选定的菜单项目上移，单击▼按钮可以将选定的菜单项目下移。

（6）单击"确定"按钮，完成列表值的添加。

（7）回到"文档"窗口，选中菜单表单对象，在"属性"面板的"初始化时选定"项中选择一个项目，被选中的项目将在页面初始加载时显示，这里选择"20-25 岁"，效果如图 12-31 所示。

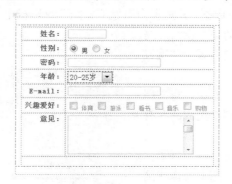

图 12-31　插入菜单

12.3.4　插入按钮

一般来说，按钮放于表单页面的最底端。使用按钮可以将用户填写的表单数据提交到服务器后台程序中，或者重置该表单内容。

（1）为刚才的文档继续添加表单，将光标置入到最下方一行中，然后单击"插入"面板"表单"选项卡中的"按钮"按钮▭，在光标所在的位置插入一个按钮表单对象，如图 12-32（a）所示。用相同的方法再次插入一个按钮表单对象如图 12-32（b）所示。

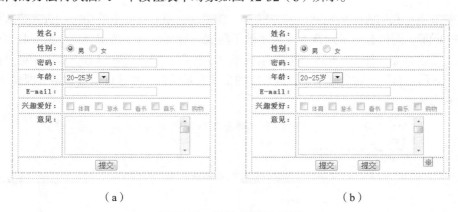

（a）　　　　　　　　　　　　　　　（b）

图 12-32　按钮"属性"面板

（2）选中右边的按钮表单对象，"属性"面板变为按钮的属性项，如图 12-33 所示。

图 12-33　按钮"属性"面板

"属性"面板的左上方有一个缩略图，在它右边的"按钮名称"下方的文本框中可以输入按钮的名称。

① "值"：用于设定按钮上显示的说明文字。

② "动作"：该项用于设置单击该按钮时将执行的操作。该项有3种动作，即"提交表单"、"重置表单"和"无"。"提交表单"可把表单数据提交到表单属性中指定的页面或脚本，"重置表单"可以清除所有填好的表单数据，并重置为原始值，"无"可以指定单击该按钮时要执行的操作。

（3）将第1个按钮的"动作"设为"提交表单"，第2个按钮的"动作"设为"重置表单"。

（4）选择"文件→保存"命令，将文档进行保存。按F12键，预览制作完成的含有表单的文档，如图12-34所示。

图 12-34　最终效果

到此为止，一个表单实例就制作好了，用户可以试着填写该表单，会感觉就像在网页上看到的表单一样。如果再学习一点后台应用程序的知识，就可以将该表单中的内容发送到后台服务器，真正实现客户端与服务器之间的交互。

12.4　实践与练习：制作留言簿

在这一节中，我们将完整地制作一个网上留言簿，它能实现如下的功能：进入留言板页面，如图12-35所示，可以分页显示留言，为了便于测试，每页显示2条留言；单击"我要留言"链接后，进入留言页面，如图12-36所示，输入姓名、性别、留言内容以后，单击按钮，留言成功后就会在"显示留言"页面出现了；而且最新的留言在最前面；并且可以根据留言时输入的性别，显示不同的头像。

图 12-35　显示留言页面

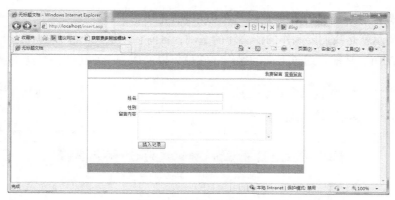

图 12-36　添加留言页面

如果读者希望在制作之前试验一下最终的效果，需要注意两点：

（1）把"GuestBook"文件夹复制到自己计算机的"C"盘根目录下，再把 IIS 的主目录设置为"C:\GuestBook"，然后在浏览器中访问 http://localhost/index.asp 就可以看到效果了。

（2）如果读者想把默认目录放在其他盘，如 D 盘，那么就把"GuestBook"文件夹复制到 D 盘根目录，然后把 IIS 的主目录设置为"D:\GuestBook"，此外，还需要做一件事，用 Dreamweaver 打开文件"D:\GuestBook\Connections\conn.asp"，其内容如下所示：

```
<%
' FileName="Connection_ado_conn_string.htm"
' Type="ADO"
' DesigntimeType="ADO"
' HTTP="false"
' Catalog=""
' Schema=""
Dim MM_conn_STRING
MM_conn_STRING = "Provider=Microsoft.Jet.OLEDB.4.0;Data Source=C:\guestbook\ database.mdb"
%>
```

将最后一行中的"C:\guestbook\database.mdb"改为"D:\guestbook\database.mdb"。读者实际需要做的就是把字母"C"改为复制文件的硬盘的盘符。这样就可以用浏览器查看做好以后的效果了。

下面我们就正式开始制作。

12.4.1　准备工作

首先来做一些必要的准备工作，包括两个方面，一是确认预备文件正确，二是正确设置 IIS。

在开始制作之前，重新设置一下 IIS。在 IIS 窗口中，单击左侧窗栏的"Default Web Site"，然后在右侧窗栏选择"高级设置"，这时会出现"高级设置"对话框，将"物理路径"改为"C:\GuestBook"，如图 12-37 所示。本章后面所有操作的文件都在这个文件夹中，读者可以根据自己的需要设置，但一定要记清楚自己是如何设置的。

到这里，设置就完成了，需要验证一下是否设置成功。首先在上面设置的"本地路径"文件夹里放置一个网页，命名为 index.htm，然后打开浏览器，在地址栏输入"http://localhost/"。

图 12-37　设置主目录

这时如果浏览器能够正确显示出网页来，就说明设置正确了。

图 12-38 所示就是我们要制作的留言簿的基础，目前它还是一个静态的 HTML 网页，还不能实现任何真正的留言功能，通过下面的操作，它就可以变成一个真正的留言簿了。

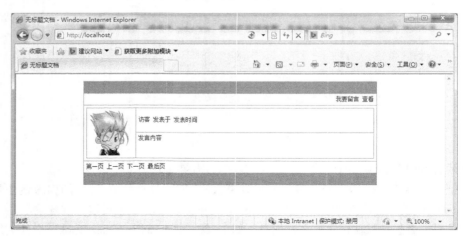

图 12-38　留言簿的静态页面

12.4.2　建立站点

在开始制作页面之前，首先准备文件并建立站点，形成如下的情形：在"C:\guestbook"文件夹中有一个 index.htm 文件，还有一个放置图片文件的 image 文件夹。注意这里的"C:\guestbook"文件夹正是上面在 IIS 中设置的主目录的本地路径。其中的 index.htm 可以读者自己来设计，内容与图 12-38 一致即可。

然后启动 Dreamweaver CS5，进入 Dreamweaver CS5 的主界面。创作网页前，要先为网页定义一个本地站点，用来存放网页中所有的文件及附属文件。需要设置的是"站点"和"服务器"两个项目，注意按照如图 12-39 所示进行填写与设置。

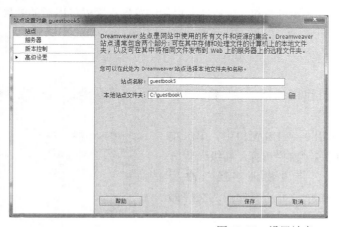

图 12-39　设置站点

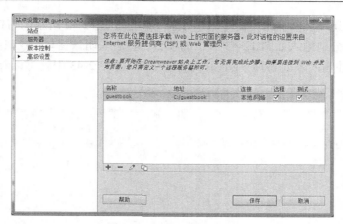

图 12-39 设置站点（续）

12.4.3 建立数据库

下面将留言簿中所用到的数据库表列出，并对表中的每个字段作简要的介绍，以便更好地学习后面的程序。

这里使用 Access 数据库，留言簿包括以下字段：

① 编号（ID）

② 访客名字（Name）

③ 头像编号（Icon），用来通过图片显示留言人的性别

④ 留言内容（Content）

⑤ 留言时间（addDate）

下面讲述 Access 2010 的操作步骤，考虑到读者所使用的计算机上的 Office 版本的差异性，这里仍将数据库保存为 Access 2003 的格式。其他版本的 Access 操作步骤会略有不同，但本质是完全相同的。

（1）启动 Access 软件，弹出如图 12-40 所示窗口，选择"空数据库"，然后在右侧单击"文件夹"图标，弹出如图 12-41 所示窗口，选择数据库的保存位置为"C 盘 GuestBook"文件夹，选择数据库的保存格式为"Microsoft Access 数据库（2002-2003 格式）(*.mdb)"，文件名为"database"，单击"保存"按钮返回到图 12-40 所示窗口。单击"创建"按钮，创建空数据库表完成。

<table>
<tr><td style="text-align:center">图 12-40 创建数据库</td><td style="text-align:center">图 12-41 保存数据库</td></tr>
</table>

（2）单击"创建"菜单中的"表设计"图标，弹出如图 12-42 所示的窗口，在"字段名称"和"数据类型"中分别输入如图 12-43 所示的项目，然后关闭该窗口，这时会询问是否保存该表，选择"是"，并输入表的名称"guestbook"，这样在图 12-43 中就可以看到 guestbook 表已经建立了。

图 12-42　创建表　　　　　　　　　　　　　　　图 12-43　设置表

（3）接下来双击"guestbook"表名，在出现的窗口中先输入 3 行数据，为下面制作网页作准备。

① ID 列不用输入，因为这一列是自动编号的。

② addTime 列暂时空着。

③ Icon 列输入"01"或者"02"，我们为这个留言本实现准备了两幅头像图片，分别命名为 01.jpg 和 02.jpg，前者是一个男孩的头像，后者是女孩的头像。

④ Name 列可以随意输入人名。

⑤ Content 列可以随意输入一些文字。

输入完毕以后如图 12-44 所示，关闭窗口。

图 12-44　在表格中输入 3 行数据

12.4.4　制作显示留言页面（index.asp）

下面正式开始制作显示留言的页面 index.asp。

（1）在 Dreamweaver 中打开 index.htm，立即另存为 index.asp 文件，原来的 index.htm 就可以删除了。

（2）然后要为页面连接数据库。选择菜单"窗口→数据库"命令，打开"数据库"面板，单击左上方的加号按钮，然后选择"自定义连接字符串"选项，这时出现如图 12-45 所示的输入框，连接名称输入"conn"，连接字符串输入"Provider=Microsoft.Jet.OLEDB.4.0;Data Source=C:\guestbook\database.mdb"。

（3）单击"测试"按钮，如果提示"连接成功"就表示数据库连接成功了。这时单击"确定"按钮关闭对话框。

（4）接下来，就要为网页"绑定"动态数据了。所谓动态数据就是数据库中的数据，在制作网页时并不显示出来，只有在浏览器中打开网页时，才到数据库中取得相应的数据并显示出来。现在看一下当前的"应用程序"面板组中的"服务器行为"面板，应该是如图 12-46 所示的状态，即 1、2、3 项各有一个对勾，如果不是这样，请回到前面的步骤检查是哪里错了。

图 12-45　设置连接字符串

图 12-46　服务器行为面板

（5）这时单击左上角的加号按钮，在弹出菜单中选择"记录集（查询）"命令，这时弹出"记录集"对话框，如图 12-47 所示。在"连接"下拉框中选择刚才设置的"conn"连接，其余保持默认，单击"确认"按钮，这时可以看到在"服务器行为"面板中列出了一个"记录集(Recordset1)"项目。

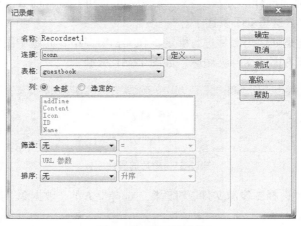

图 12-47　设置记录集

（6）接下来，用鼠标将页面上的"访客"二字选中，使其变成黑色，然后在应用程序面板组中选择"绑定"面板，如图12-48所示，选中"Name"项目，然后单击面板右下角的"插入"按钮。这时页面上原来"访客"二字变为了"{Recordset1.Name}"，如图12-49所示。

图12-48　绑定面板　　　　　　　　　　　　图12-49　绑定以后的页面

（7）保存该页面，并在浏览器中浏览该页面，可以看到，原来"访客"二字，变为了"Mike"，这正是我们刚才输入数据库表格中的名字，如图12-50所示。

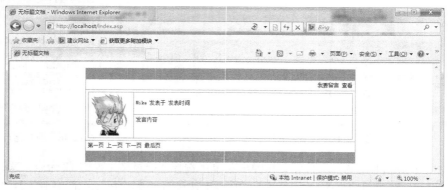

图12-50　已经成功从数据库中取得相应的数据

（8）现在就按照上面同样的方法，将"发表时间"和"留言内容"分别与"addTime"和"Content"列进行绑定，这里就不赘述了。

（9）接下来的问题是如何为图片进行绑定。在文档窗口中，先选中图片，然后在属性面板中单击"源文件"输入框右面的文件夹图标，如图12-51所示。

图12-51　图片的属性面板

（10）这时会出现"选择图像源文件"对话框，选择上方的"数据源"选项，如图12-52所示。

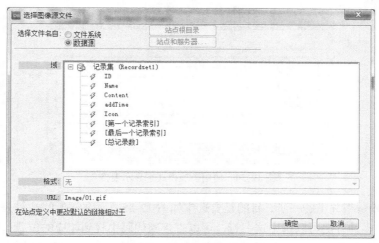

图 12-52　为图片绑定数据源

记住下面的"URL"输入框中的内容是"image/01.gif"，我们还记得在数据表中有一个 Icon 列，里面我们输入的内容是"01"或者"02"，如果读者已经记不清这里的细节了，请参看前面的"设计数据库"小节。

（11）现在就需要把 URL 中的这个"01"与数据库中的 Icon 列进行绑定。方法是：先单击"Icon"项目，这时"URL"输入框的内容变为："<%=(Recordset1.Fields.Item ("Icon").Value)%>"；将它手工改为"image/<%=(Recordset1.Fields.Item ("Icon").Value)%>.gif"，如图 12-53 所示；然后单击"确定"按钮，这样图片也绑定好了。

图 12-53　设定 URL

下面的问题是留言簿中有很多条留言记录，也就是我们刚才在数据库表格中输入了 3 行内容，而现在只能显示一条出来，如何能让它们都显现出来呢。

（12）现在选择菜单"查看→表格模式→扩展表格模式"命令，这时表格被撑开了，可以清楚地看到表格的嵌套关系，如图 12-54 所示。需要说明这里的表格嵌套得比较复杂，在实际制作的时候读者可以根据自己的喜好进行修改。

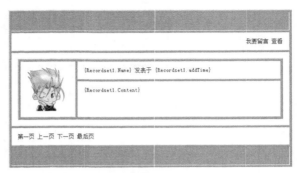

图 12-54   使用扩展模式来显示表格

（13）接下来是很关键的一步，目的是要选中如图 12-55 所示的一行。也就是说，每一行显示一条留言。有很多种方法可以选中这一行，可以直接到代码中找到相应的位置；也可以用鼠标单击一下图片所在的表格的旁边，然后单击页面窗口左下角的 "<tr>" 标签按钮。总之目的就是选中一行，而不是整个表格。

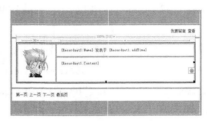

图 12-55   选中一条留言所占的一行

（14）接下来，在"服务器行为"面板中，单击加号按钮，选择"重复区域"项目，这时出现"重复区域"对话框，如图 12-56 所示。"记录集"保持默认设置，并在下面的输入框中输入"2"。这样做的目的是使留言分页显示，因为在数据库中目前一共只有 3 条记录，为了能够体现出分页的效果，我们设置为每页显示两条留言。然后单击"确定"按钮。

图 12-56   设定为每页显示两条留言

（15）接下来选中显示留言的表格（注意不是最外层的表格），在"服务器行为"面板中单击加号按钮，选择"显示区域→如果记录集不为空则显示区域"项目，这时页面如图 12-57 所示，注意在表格左上角有一个标签"如果符合此条件则显示"。

图 12-57   设置显示区域

（16）这时保存页面并预览，可以看到已经可以显示两条记录了，如图 12-58 所示。

图 12-58　在浏览器中预览效果

（17）再进一步的任务就是实现翻页的功能，在 Dreamweaver 中实现这一步也非常方便。首先用鼠标选中页面下方的"第一页"三个字，再在"服务器行为"面板中单击加号按钮，选择"记录集分页→移至第一条记录"命令，这时会弹出一个对话框，直接单击"确定"按钮。类似地，对"最后页"使用"记录集分页→移至最后一条记录"命令，对"上一页"使用"记录集分页→移至前一条记录"命令，对"下一页"使用"记录集分页→移至下一条记录"命令。然后保存页面，并预览，单击"下页"或"尾页"链接后，浏览器显示的页面如图 12-59 所示。可以看到这正是第 3 条留言，并且也验证了上面对图片的绑定操作。

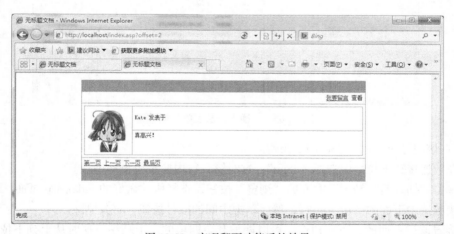

图 12-59　实现翻页功能后的效果

至此，我们对显示留言的所有操作都已经完成了。下面的任务是实现如何在留言本中添加新的留言。

12.4.5　制作添加留言页面（insert.asp）

留言簿除了能够显示留言之外，还必须能够添加新的留言，这里我们把做好的 index.asp 页面另存为 insert.asp，在它的基础上制作添加留言页面。

（1）首先把 index.asp 另存为 insert.asp，再把中间显示留言的表格删除，并且把翻页的链接也都删除，同时把左上角的"查看留言"链接到 index.htm，如图 12-60 所示。

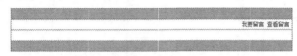

图 12-60　制作基本页面

（2）打开"服务器行为"面板，由于是从 index.htm 页面复制过来的，所以保留有很多行为，现在除了最上面的"记录集"一条保留之外，其余全都删除，如图 12-61 所示，方法是选中行为后单击减号按钮。

图 12-61　清理服务器行为

（3）然后回到文档窗口，用鼠标在中间的单元格单击一下，将光标置于单元格中。再选择菜单"插入→数据对象→插入记录→插入记录表单向导"命令，这时会出现"插入记录表单"对话框，如图 12-62 所示。

图 12-62　"插入记录表单"对话框

（4）在该向导对话框中进行如下操作。

① 在"连接"下拉框中选择"conn"，这时第二行内容也会自动出现。

② 单击"插入后，转到"右面的"浏览"按钮，选择刚才做好的 index.asp 页面。

③ 接着选中下面的"ID"一行，然后单击中间的减号按钮，将其删除。

④ 接着通过右面的上下三角形，可以调整其余四项的上下顺序，这时从上到下依次排列为 Name、Icon、Content、addTime。

⑤ 接着单击对话框中间列表的每一行，可以看到下面的四个输入框的内容会随之改变，它们就是用来分别对每一行的内容进行设置的：

● 首先将每一行的"标签"由原来的列名改为中文说明，依次为"姓名"、"性别"、"留言内容"、"留言时间"；

● 接下来选中"Content"行，将"显示为"项目由"文本字段"改为"文本区域"；

● 接着选中"addTime"一行，将"显示为"项目由"文本字段"改为"隐藏域"，接着在它的"默认值"输入框中输入"<%=Now()%>"，注意符号都是西文符号，不要输入双引号。以上所有内容输入完成以后，单击"确定"按钮。

完成上述操作以后，文档页面如图 12-63 所示。

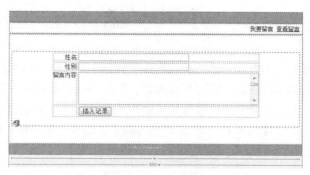

图 12-63　页面中插入记录表单

（5）这时保存文件，并在浏览器预览，输入内容，如图 12-64 所示。

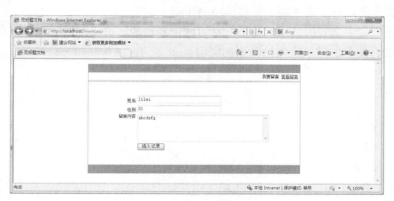

图 12-64　在留言簿中留言

（6）单击"插入记录"按钮后，会跳转到"index.htm"按钮，可以看到最后一条留言正是上一步新添加的。另外，可以看到，发表留言的时间也在页面上显示出来了，如图 12-65 所示。

图 12-65　添加留言的功能已经实现

　　至此，这个最基本的留言簿就完全做好了，当然它还有很多可以改进的地方，例如进一步实现对留言的回复、删除等操作，这里就不再介绍了。

小　　结

　　服务器端的程序开发，内容非常多，我们在这里只是实现一个很简单的小程序，目的是使读者对这部分知识有个最基本的认识。需要指出的是，尽管 Dreamweaver 已经提供了许多辅助功能开发服务器端的程序，但是如果希望比较自如地使用 Dreamweaver 的这些功能，开发出更为复杂的服务器端程序，还是需要使用者对 ASP 或其他的服务器端技术有较深入的掌握。

练　　习

12-1　根据你的理解，描述服务器端程序的作用。

12-2　使用本章中学到的技术，为上一章习题中制作的"班级网站"增加用户注册功能，以及增加留言功能，使你的"班级网站"更加完善。